U0170704

BOYI

博弈

有一种谋略叫

李向峰◎编著

中国致公出版社 · 北 京

图书在版编目（CIP）数据

有一种谋略叫博弈 / 李向峰编著. --北京：中国致公出版社，2023.11

ISBN 978-7-5145-2168-9

Ⅰ. ①有… Ⅱ. ①李… Ⅲ. ①博弈论 Ⅳ. ①O225

中国国家版本馆CIP数据核字(2023)第190536号

有一种谋略叫博弈 / 李向峰 编著

YOU YI ZHONG MOULUE JIAO BOYI

出　　版　中国致公出版社
　　　　　（北京市朝阳区八里庄西里 100 号住邦 2000 大厦 1 号楼西区 21 层）
发　　行　中国致公出版社（010-66121708）
责任编辑　王福振
责任校对　邓新蓉
策划编辑　蔡　践
装帧设计　天下书装
责任印制　杨秋玲
印　　刷　三河市宏顺兴印刷有限公司
版　　次　2023 年 11 月第 1 版
印　　次　2023 年 11 月第 1 次印刷
开　　本　710 mm × 1000 mm　1/16
印　　张　14
字　　数　181千字
书　　号　ISBN 978-7-5145-2168-9
定　　价　68.00 元

前言

博弈论，也称为对策论，是研究人们在各种决策下如何行事的一般分析理论。它是应用数学的一个分支，也是运筹学的一个重要学科，被广泛地运用于社会生活的各个方面。

提起博弈论，我们会自然地想起20世纪美籍匈牙利数学家约翰·冯·诺依曼，他曾于1944年与奥斯卡·摩根斯特恩合著《博弈论与经济行为》，这是博弈论学科的奠基性著作。冯·诺依曼在各种不同领域都做出了巨大成就，是现代计算机、博弈论、核武器等领域内的科学全才之一，后人称他为“现代计算机之父”“博弈论之父”。

提起博弈论，我们也会自然地想起二十世纪最杰出的数学家约翰·福布斯·纳什，他传奇的一生被拍成了传记电影《美丽心灵》，这部影片荣获了2002年奥斯卡最佳影片、最佳导演等多项重量级奖项。有人说他就是一个巨大的博弈之中的局中人。

当然，博弈论应用最广泛的领域还是经济学，纳什、哈萨尼和塞尔顿就因为“在非合作博弈的均衡分析理论方面做出了开创性的贡献”而得到了瑞典皇家科学院的肯定。自从1969年诺贝尔奖设立以来，这种在同一分支领域连续颁奖的情况可谓绝无仅有，由此可见，博弈论在经济学理论体系中的重要地位不容小觑。

现代博弈理论起源于西方，但在我国很早就有了博弈思想，只是没形成体系罢了。我国古代的《孙子兵法》不仅是一部军事著作，而且算是最早的一部博弈论专著。在我国，博弈论最初的研究对象是象棋、桥牌、赌博中的胜负问题，此时人们对博弈局势的把握只停留在经验层面上，没有向理论方向发展。那么这门高深莫测的数学、经济学理论又是如何与人生联系起来的呢？

其实，人生与博弈天生就是连理枝。博弈论，直译就是“游戏理论”，说得简单点，就是有输有赢的游戏。在人生中我们时时在与人对弈着，在有限的信息下，我们在考虑自己该怎样决策的同时，又在想着自己的决策对别人的影响，以及别人对自己“进攻”时，我们该如何反应，是纵容，还是出击。同时，我们还会考虑，当对别人的“进攻”做出反应时，别人又会有什么反应，这些反应直接影响着我们当时的决策。这些生活中发生的“对弈”游戏，在博弈中，往往可以通过一些简单的故事模型来阐述。

博弈论建立的理论前提是理性人假设。通过理性人假设而建立起来的故事模型，是否对人的理性要求太高而不现实？的确，博弈论中的很多故事模型在现实生活中并不是以“纳什均衡”的方式出现的。另一方面博弈论要求人具有完美的计算能力，这也是很多人不具备的，但这并不妨碍博弈论在人生中的运用。生活中的很多对局不是以“纳什均衡”的方式出现，很大程度上是因为人为干扰。另外，故事模型的建立并不是要预知事情发生的结果，而是通过这些模型来对人生进行指导。

本书力求通过一个个生动的故事来讲解博弈论中的复杂理论，尽可能避免出现复杂的数学公式，但有些博弈模型，通过图示、公式往往能让人感觉更清晰、更直观，这时，图示和公式就成了必需。编者力求挑选一些对人生有指导意义的博弈模型来对读者进行讲解，如囚徒困境、逆向选择等，让人在对局中体会策略的妙用。最后三章，是博弈论在各个领域内的应用，如商场、投资、管理、情感，让人在通晓博弈策略的情况下，体会运用博弈策略的乐趣。

总之，博弈在生活中无处不在，学习博弈论就是提升自己，发现问题并找到最好的解决方案。本书在编写过程中，得到了不少博弈论专家的指导与协助，在此表示衷心的感谢。由于时间仓促，疏漏或不足在所难免，欢迎读者朋友指导、斧正。

目录

第四章
博弈论中的猜心术

第五章
蜈蚣博弈的悖论

第六章
谁是小智猪：智猪博弈中的利益分配

第七章
“石头、剪子、布”：最精妙的博弈思维

第八章
博弈中的要挟

第九章
所罗门的智慧：公平不是平均

第十章
对战中的突围密码

第十一章 长期合作中的重复博弈

第十二章 优劣及双赢的选择：商场博弈

第十三章 资本增值的方法：投资领域内的博弈

第十四章
轻松地当老板：管理中的博弈

第十五章
谁是你的另一半：情感中的博弈

第一章

学博弈，用博弈，博弈无处不在

博弈无处不在，博弈与生活密切相关。懂得博弈，了解博弈，你才能在生活中更好地处理错综复杂的问题，才能有获得成功的机会。决定胜负的因素通常有三个，即机会、体能和头脑智能。通常，头脑智能对胜负起决定性作用，而博弈论研究的正是这种智能因素。

你要知道，博弈无处不在

博弈是人类社会中不可避免的一部分，是人们在日常生活中难以回避的一种现象。其本质是人们为自己的利益寻求最优策略的过程。说起博弈的渊源，不得不追溯到中国的围棋。在古代，“博弈”就是指下棋，下棋的目标就是要战胜对方，我们每走的一步棋，都是为使对自己更有利，在这一退一进的对局中，其实也隐含着人生中的大博弈。

博弈在人生中无处不在，与生活密切相关。在这个世界上，大约只有两种人不需要使用博弈：一是生活在孤岛，如鲁滨孙这样的人；二是在生活中只有他一个人说了算，什么人都听他的。除此之外的普通人，了解一些博弈论知识，肯定是利大于弊的。因为人不仅是个体的人，还是社会的人，总要相互交往，总要影响别人或受别人影响。在生活中适当地运用一些博弈论知识，会使你人气更高、事业更发达。

我们生活的真实世界无疑是有限的信息世界，要想更有效地工作，要想生活得更有意义，要想长期发展得更好，还是应该具备一些博弈论知识，需要有针对性地了解一些不完全信息博弈方面的知识。在人们的现实生活中，交互行为使有限信息的作用显得更加重要，完全信息不仅不可能，而且不见得会比不完全信息好。由此不得不佩服“难得糊涂”的郑板桥，他的确是一位当之无愧的博弈高手。

对于一些上班族来说，挤公交应该是相当熟悉的。大家都知道，公交的上车门处的人往往是最多的，为什么呢？因为，人都从上车门上，一些人在车厢前部占了一个好位置后，就不愿意往里走了，这样，人流就在上车门这块区域大量堆积，刚上车的人挤得够呛，而下车门处的人其实并不多。怎么办，为了获得更舒服一点的空间，也只有往车厢另一头挤了，这就体现了人们权衡与博弈过程，上车门处的人多，站着不舒服，只有往车厢另一头走，反正也得从下车门下，现在不往前挤，迟早还得挨挤。但选择什么时机往前挤，既不费力又不得罪人？答案是在车进站，车厢内发生人流移动，有人下车的时候往另一头挤最适合。这时候，有些人已开始移动，你只需让他们为你开道，跟着他们向前走就行了。这个跟随战术也体现了一种智猪博弈策略，“大猪”向前开道，“小智猪”跟着向前走就行了。

生活中离不开博弈，在学术中，特别是经济学中更离不开博弈。有人说，没有博弈论的经济学是一座半边楼。

经典博弈论主要包括合作博弈与非合作博弈两部分。自 20 世纪 90 年代以来，又兴起演化博弈（学习博弈）、实验博弈（行为博弈）、计算博弈和协调博弈等分支，博弈论家族可谓人丁兴旺、热闹非凡。但曾几何时，在现代主流经济学看来，博弈论只是对研究不完全竞争市场的一种补充。

有人的地方就有江湖，有江湖就免不了各种竞争，而有竞争也就自然有博弈。随着社会快速发展，竞争愈演愈烈，无论生活中还是职场上，博弈或明或暗、或隐或现，都是你绕不开的话题。

其实不然，博弈论从相互影响的策略行为出发，不仅研究个体理性，也研究集体和社会理性，以及个体理性与集体理性在什么情况下能同时实现。类似的基本问题还有：是以物为本主要研究资源配置，还是以人为本从微观层面研究主体行为；是将主体理性化主要研究行为结果，还是从现实出发也注重考察行为过程及其与结果的关系等。博弈论从一种全新的视角，得到了一系列新的理论见解，正在为经济学大厦修建另外的半边楼。

所谓现代主流经济学，主要研究竞争效率，而博弈论不仅研究竞争，也重视合作，因为博弈论着重研究人们相互影响中的策略行为或交互行为。竞争出效率，合作出价值，前者侧重个体理性上的效率，后者侧重集体理性上的价值增值。因为人的主动性，合作就会有 1+1>2 的功能；当然，还会有另一面，即 1+1< 2。

合作博弈与非合作博弈是博弈论的两个经典研究框架，只是合作博弈没有像“纳什均衡点”那样的主线，而且研究难度相对较大。但就应用来说，合作博弈可广泛应用于国际经济贸易、分配、区域经济合作、谈判、公司治理、投标拍卖等。而且合作博弈侧重研究合作与协调，非合作博弈研究竞争与冲突。特别是非合作博弈揭示个体理性与集体理性可能存在的不一致，而合作博弈则指出解决不一致的可行途径，能够创造出 1+1>2 的合作增值。于是，有了博弈论工具和知识，我们可以看到完整的人、完整的社会、完整的经济学。

博弈是上帝掷出的骰子

博弈论多数是通过一个个小故事来说明大道理的，故事虽小，但道理深刻。人生是一个不断与别人合作与竞争的过程。不管是竞争还是合作，我们都想让自身的利益最大化。

在博弈中，你的选择必须考虑其他人的选择，而其他人在选择时，也在考虑你的选择。你的结果——博弈论称之为支付，不仅取决于你的行动选择——博弈论称之为策略选择，同时取决于他人的策略选择。你和这群人构成一个博弈。

博弈论的出现已有 50 多年的历史。博弈论的开创者为冯·诺依曼与摩根斯特恩，他们于 1944 年出版了《博弈论与经济行为》。冯·诺依曼是著名的数学家，他同时对计算机的发明及经济学产生过巨大的影响。谈到博弈论，不能忽略博弈论天才纳什（John Nash）。纳什的开创性论文有《n 人博弈的均衡点》（1950 年）、《非合作博弈》（1951 年）等，给出了“纳什均衡点”的概念和均衡存在定理。今天博弈论已发展成为一个较完善的学科。

博弈论对于社会科学有着重要的意义，它正成为社会科学研究范式中的一种核心工具，以至于我们可以称博弈论是“社会科学的数学”或者说是关于社会的数学。从理论上讲，博弈论是研究理性的行动者相互作用的形式理论，而实际上它正深入到经济学、政治学、社会学等领域，广泛应用于各门社会科学。甚至有学者声称要用博弈论重新改写经济学。1994 年，经济学诺贝尔奖颁发给三位博弈论专家：纳什、塞尔顿 (R. Selten)、哈萨尼（J. Harsanyi），而 1986 年获得诺贝尔奖的公共选择学派的领导者布坎南（M. Buchanan），1995 年获得诺贝尔奖的理性主义学派的领袖卢卡斯（Lukas），他们的理论与博弈论都有着较深的联系。现在博弈论正渗透到各门社会科学中，更重要的是它同时正深刻地改变着人们的思维。

博弈实际上就是一种关于如何在现有条件下做出最优选择的一种谋略。不要把博弈当成是什么深不可测、难以理解的高深学问，它实际上是一门浅显易懂、容易掌握而又实用的策略性学问。

在中国很早就有博弈之说，在古代已有很多这方面的著述与实践，春秋战国时期多国争雄，其实也是诸侯国及谋士之间钩心斗角的故事，而罗贯中的《三国演义》用今天的观点来看正是一部博弈论教材！无论是兵书《孙子兵法》《三十六计》，还是现代流行的所谓“商战策略”“公共关系”，都是关于如何赢得与人交往的胜利，或者说如何获取成功的。在社会交往中，古人对博弈论早已运用自如。正如曹雪芹在《红楼梦》中所说的“世事洞明皆学问，人情练达即文章”，人与人之间的关系、社会交往均是学问。而很多做人的道理，正道出了如何在人与人的博弈中获取成功，例如，在任何场合下都不要轻易得罪人，不要锋芒毕露（如枪打出头鸟）等。不过，在中国文化传统中，人与人之间的关系不仅是科学，更是一门艺术。

博弈论广泛地应用于社会科学中，社会是由不同人群的集合体所构成的。不同的人群集合体形成不同的结构，一个结构中的群体之间相互作用就构成一个博弈，这个博弈是广义上的。社会中有不同的文化，人类有文明、道德，如果说文明、文化、道德是宏观的社会现象，那么还存在着微观的社会现象。例如：群体为什么既有合作，也有不合作？为什么人群之间或集团之间有“威胁”和“承诺”？这些都是博弈论研究的对象。

博弈论对人的基本假定是：人是理性的。所谓理性的人是指具有推理能力，在具体策略选择时使自己的利益最大化的行动者。博弈论研究的是理性的人是如何进行策略选择的。

博弈论力图在这个最简单的假定下得到丰富的结论，博弈论专家的这种做法就如同物理学家对自然的假定一样。众所周知，物理学家往往设定几个最基本的假设，这些最基本的假设构成公设，其余的结论由它们推出，如爱因斯坦的狭义相对论只有两条假设：①物理定律在所有参考系中不变；②在所有参考系中光速保持常数。通过这两种简单的假设却得出了令人惊奇的结论，如运动的参照系中尺子收缩、时钟变慢等。相对论的这两条公设改变了物理学的整个构架，也改变了人们对自然的看法。

博弈论的假定是如此简单，它能得出令人惊奇的结论吗？它能改变人们对于社会的看法吗？我们将发现，博弈论确实能做到！通过理性人假设，博弈可以得出很多令人惊奇的悖论，如囚徒困境、智猪博弈悖论等。

在生活中，我们常常会陷入不知该如何选择的两难境地，甲很好，乙也不错，我们到底该如何选择？有些事情错了可以重新再来，而有的事情一旦决定就无法改变，如何让自己远离后悔的深渊？你我都需要一种可以让我们很好地去选择的方法，这就是博弈论所要研究的。

从古代的田忌赛马到今日国家间的军备竞赛，都可以看作是博弈理论的应用。

在这个世界上，有太多的事件及结果已超越了人类的知识和能力所能控制的范围，使我们不能完全确定我们行为的后果。是的，世界不确定；上帝是一个赌徒，他在不断地掷骰子！在这样不确定的环境中，我们该如何做出自己的决策呢？

一种简单的应对办法是，随意选择一个行动方案——反正结果是不确定的，我们何必要认真选择？的确有人是这样做的。日常生活中，在面临多种选择而不知所措的时候，经常有人通过抛硬币来确定他们的选择。

不应否认，在某些时候，抛硬币未尝不是一个好办法。至少它使得那些犹豫不决的人为早下决定找到了一个适当的理由，从而获得内心的安宁。但从理性的角度来看，抛硬币的确不是一个好办法。比如，当你接到面试通知并允许你选择第几个上场的时候，或者在比赛中有权选择比赛顺序的时候。

面临不确定环境的选择，本身只是一个单人决策的问题。如何将这个单人决策的问题转化成博弈问题呢？我们的做法是引入一个虚拟的参与人——上帝。当掷出骰子的时候，我们不知道骰子会出现什么数字，但是，上帝知道；他也知道如何掷骰子才能获得想要的数字。每一次，在掷出骰子之前上帝就已经确定了一个数字，我们却只有在他的骰子停下来的时候才知道上帝事先已确定的数字是多少。问题是，我们的决策需要在他的骰子停下来之前做出，所以我们得费心地猜测在掷出骰子之前上帝究竟选了哪几个数字。不确定环境下的决策，就转变成决策者个人与上帝之间的博弈。上帝对决策者的信息无所不知，而决策者却不知道上帝内心的选择。所以，经验以及对各种结果可能性的估计，对于决策者来说至关重要。

思维和策略的技巧

思维是我们思考问题的方法，思维有创新思维、逆向思维等，一个人如果不能改变自己的思维，也就没法改变自己的现状。策略就是可供我们执行的具体方案。通常说一个人很有策略，就是说这个人有很多可供执行的方案，当一个方案行不通时，能够及时应变；如果说那个人没有策略，意思是，他缺乏变通的能力，因为他只有一个方案，只能一条道走到黑。

博弈论的主要研究对象是互动决策，大多数时候是研究对抗行为，但又不全是对抗行为。现实生活中有很多对抗，其胜负主要取决于身体技能，例如，赛跑、跳远、搏击等。要在这些对抗中获胜，你需要锻炼身体。这样的对抗虽然可以纳入博弈论的研究范畴，但鉴于这种比赛的胜负取决于身体机能，博弈论研究者对此没有太大的兴趣。在更多的对抗中，其胜负很大程度，甚至完全依赖于谋略。一场战争的胜负往往取决于双方的战略与战术，而不是双方人数的多寡；一场足球比赛的胜负，固然与球队实力的差距有关，但也很大程度上取决于主教练对队伍攻防战术的调度，和针对不同对手采取的不同策略。胜利并不一定属于强者。要想在这些对局中获胜，你需要锻炼的是谋划技能，这也正是博弈论者所感兴趣的。

“田忌赛马”的故事想来大家都是知道的，该故事发生在战国时期，齐威王和大将田忌赛马，根据马跑的速度双方各有上、中、下三种等级的马各一匹，其中田忌的马比同一等级齐王的马跑得慢，但比齐王低一级的马跑得快。比赛规则为双方比赛三局，每局比赛各出一匹马，胜二局者获得最后的胜利，负者向胜者支付一千两黄金，相比之下显然齐王的马占优势。在比赛中，田忌采纳谋士孙膑的建议，以下马对齐王的上马，以中马对齐王的下马，以上马对齐王的中马，结果胜两局负一局，赢齐王一千两黄金。

每个人一出生，就进入了人生的竞技场。渴望成功是人类的天性。所以在亘古至今的漫长岁月中，人们一直努力磨砺竞争的技巧，并希望找到成功的法则。但是，人们必须接受一个事实：没有什么法则可以确保成功——既然这个社会上一定有成功者和失败者之分，那么就不可能每个人都成为常胜将军。不过，竞争的技巧确实可通过磨砺来增进，也可从学习中获得并掌握。竞争的技巧虽不能保证一个人所向披靡——因为对手同样可以磨砺竞争技巧，却可以改变一个人在竞争中的处境，使它不致过于糟糕。即使是失败、一败涂地和损兵折将，也力求减轻损失。

博弈中的策略不仅包括个人的行动选择，也包括对他人行动的预测和应对。合作和竞争是博弈中的两个基本方向，不同类型的博弈应采取不同的策略。

“田忌赛马”的故事表明，在有双方参加的竞赛或斗争中，策略是很重要的。采用的策略适当，就有可能在似乎会失败的情况下取得胜利。

完全信息下的博弈与不完全信息下的博弈

完全信息下的博弈，是指信息对于双方来说是完全公开的，双方在博弈中的决策是同时的，这个同时不是指时间上的一致性，而是在对方做决策前不为对方所知的。不完全信息下的博弈，是指在信息不对称的情况下，博弈双方不但不知道彼此的策略，而且所掌握的对于博弈的结局的公共信息都是不对称的。有的掌握得多一些，有的掌握得少一些，显然掌握得多一些的人更容易做出正确的策略选择。

完全信息下的博弈在棋类游戏中表现得尤为明显，如在象棋中，双方对盘面的局势一目了然，博弈过程的信息是完全透明的。完全信息下的博弈在现实生活中较少见，它往往出现在博弈的分析模型中，如“囚徒困境”就是一种完全信息下的博弈。

不完全信息下的博弈在现实生活中较为普遍，最典型的如军事对抗，敌我双方都尽量隐蔽自己的意图，秘密地调兵遣将，以期给对手以突然的打击。指挥员必须在对手情况不明了的情况下制订作战计划，这一决策过程是一种典型的不完全信息下的博弈。

最能体现不完全信息下的博弈特点的是博弈中的试探和发信号现象。这在完全信息下的博弈中是不存在的。在信息不完全的情况下，博弈方常常处于一种无从决策的状态，因为摸不清对方所处的状态，使得自己无法计算出哪一招是最好的。所以，发信号和试探就成为博弈制胜的关键。

例如，在军事上，有时在正式进攻之前，常常要做试探性的进攻，借以侦察敌方阵地的情况，为正式进攻做准备。在牌类游戏中，有时也有为了试探别家牌力而打牌的情况。更高级的是博弈中的发信号现象。在多方博弈中，为了沟通信息，博弈方之间可能形成一些信号，这类操作从直接的得益计算角度是不能理解的，只有了解了信号的规则才能看懂。比如，桥牌中的叫牌，本来这是决定打牌的目标位和由谁来打的过程，但实际上叫牌更重要的作用在于沟通信息，桥牌中的叫牌体系就是利用叫牌交流信息的方法。

在分析博弈状态时，由于没有直接清晰的信息源，所以，常常要根据很多蛛丝马迹一点一点地缩小可能的范围，而且它往往是无法完全明确的。

例如，在打牌的过程中，可以根据对手的出牌分析他们各自手中可能有的牌，比如有人打出一张 7，则可以判断他有另一张 7 的可能性不大，因为人一般不会拆开双张。这种分析只能得到一些线索，知道对手可能有什么牌，而一般不能明确地得知对手整把牌的情况。能够根据信息明确地判断当前对手所处的状态当然最好，但更常见的情况是，探察到的信息不够明确，只能帮助我们确定几种可能出现的情况，某些情况的可能性大而另一些情况的可能性小。这又该如何处理呢?

当不能确定对方到底处于什么状态时，我们只有做最坏的考虑，设想对手可能处于对自己最不利的位置。如果知道对手处于某一种状态的可能性大，处于另一种状态的可能性小，则可以根据概率计算出每一招的综合成绩，据此决定选择出哪一招。

所以，不完全信息下的博弈的第一个问题是怎样对博弈的态势进行正确的判断，这包括两个方面：第一，怎样获取更多的信息；第二，怎样利用这些信息判断博弈态势。这里再以打桥牌为例：如果记得过去都出过什么牌，就可以知道现在每门花色、每个牌点还各有哪几张牌，由此可以知道自己手中的牌力，决定该如何做；再如知道某人上一轮已经没有某一门牌了，由此也可决定现在该打哪张牌。根据某人的操作可以从另两个角度推断他的状态。比如在打麻将时，某人打出一张六万，则可以据此推断，他手中没有另一张六万，也不会有四万和五万，或五万和七万，或七万和八万，因为那样他就得破牌了。麻将高手都是很善于从牌面上推断这类信息的，麻将牌艺的高低也主要体现在这种分析水平上。

第二章 零和、正和及负和博弈

零和博弈是一种非输即赢的博弈。正和博弈是一种双赢的博弈。负和博弈是一种两败俱伤的博弈。在生活中，我们要善于识别零和博弈和正和博弈，要尽量避免负和博弈，同时，要尽可能地去谋求正和博弈。

非胜即负的零和博弈

非胜即负的零和博弈是一种犬牙交错、争斗激烈的角逐，它缺乏合作的空间和可能，其目的是“损人利己”，一方吃掉另一方。

一、零和博弈的概念

零和博弈是博弈论中的一个概念，意思是双方博弈，一方得益必然意味着另一方吃亏，一方得益多少，另一方就吃亏多少。之所以称为“零和”，是因为将胜负双方的“得”与“失”相加，总数为零。在零和博弈中，双方是没有合作机会的。

“零和游戏”就是：游戏者有输有赢，游戏参与各方的得失总和为零。在一般情况下，玩家中总有一个赢，一个输，如果获胜为 1 分，而输为 -1 分，那么，这两人得分之和就是：1+（-1）=0。

在零和博弈中，各博弈方决策时都以自己的最大利益为目标，结果是既无法实现集体的最大利益，也无法实现个体的最大利益。除非在各博弈方中存在可信的承诺或可执行的惩罚作保证，否则各博弈方难以合作。下面我们来看零和博弈中的一个例子。

在一个月光明媚的晚上，狐狸来到一口水井前觅食，看见井底月亮的影子，它以为是一块美味的蛋糕。饥饿的狐狸喜出望外，就跨进一只吊桶下到了井底，把与它相连的另一只吊桶升到了井口。到下面才发现这“蛋糕”不能吃，聪明的狐狸犯了一个大错，处境十分不利，如果不想办法，必死无疑。于是，它开始想办法。

三天过去了，还是没有任何动物光顾水井。第四天到来了，月光依旧皎洁，正在狐狸唉声叹气的时候，一只口渴难耐的狼正好经过这里，狐狸不禁喜上眉梢。它便和狼打招呼，指着井底的月亮对狼说："你看到这个了吗？这可是非常好吃的蛋糕啊，这是森林之神用神牛的奶做出来的。如果谁病了，只要尝一尝美味可口的蛋糕便会病痛全消。我已经吃了一半，剩下的那一半也够你吃一顿了。就委屈你钻到我特意为你准备好的吊桶里面下到井里吧。一般人我还不告诉它呢。"狐狸尽量把故事编得没有漏洞，这只狼果然中了奸计。狼下到井里，他的重量把狐狸升到了井口，这只狐狸终于得救了。

这种损人利己的行为就是零和博弈，也就是说它们的总收益是零，一个参与者的所得正是另一个参与者的所失，总收益没有增加。

二、零和博弈的慎用原则

零和博弈是以一方的损失为代价，来获取自己的利益。在现在合作共赢社会中，许多看似零和博弈的对局，却往往可以通过协商来解决。

一天，一群年轻人在一家火锅城为朋友过生日，其中有一个年轻人拿着自己吃过的蛋饺要求更换，由于火锅城有规定，吃过的东西不能更换，所以遭到拒绝，双方因此发生争执，打了起来。

最后，火锅城以人多势众的优势打败了那群年轻人，可以说博弈的结果是火锅城一方赢了，但他们真的赢了吗？从长远利益来看，他们并没有赢。这就是人际关系的零和博弈，这种赢方的所得与输方的所失相同，两者相加正负相抵，和正好为零，也就是说，他们的胜利是建立在失败方的辛酸和苦涩上的，那么，他们也将为此付出代价。还以此为例，虽然火锅城一方的人赢了，但从实际出发，不难发现，火锅城的生意也会因此受到影响，事件

> 在零和博弈之下，胜利者的荣耀背后，往往隐藏着失败者的辛酸和苦涩。就当今而言，零和博弈观念正逐渐被双赢观念所取代。

传出去就会变成“这家店的服务真差劲，店员竟敢打顾客，以后再也不来这里了”“听说没有，这家店的人把顾客打得可不轻啊，以后还是少来为妙”“什么店，还敢打人，做得可真过分”等。其实，邻里之间也存在博弈，而博弈的结果往往让人难以接受，因为它也是一种一方吃掉另一方的零和博弈。

在一个家属院里住着四五家人，由于平时大家工作都很忙，邻里之间就如同陌生人一样，各家都关着门过着平静的日子。但不久前，这个家属院热闹了，原因是，有一家的大人为家里的女儿买了一把小提琴，由于小女孩没有学过，拉得很难听，还总是在大家午休的时候拉，弄得整个家属院的人都有意见。于是矛盾便产生了，有个性格直率的人直接找上门去提意见，结果闹了个不欢而散，小女孩依然我行我素。大家私下里议论纷纷，有年轻人发狠说，干脆一家买一面铜锣，到午休的时候一齐敲，看谁厉害。结果，几家人一合计，还真那样做了。几家人终于让那个小女孩不再拉琴了。而后的几天，小女孩见了邻居，便像见了仇人一般。小女孩一直认为，是这些人使她不能再拉自己热爱的小提琴。邻里关系更糟糕了。

可以说，这个典型的一方吃掉另一方的零和博弈是完全可以避免的。对于这件事，其实双方都有好几种选择，对小女孩这一家来说：其一，他们可以让女儿去培训班参加培训；其二，在邻居告知后，完全可以改变女儿拉琴的时间；其三，在邻居告知后，不去理会。而其邻居也有如下几种选择：其一，建议这家的家长，让小女孩学习一些有关音乐方面的知识；其二，建议他们让小女孩不要午休时间拉琴；其三，以其人之道，还治其人之身。

从结果上看，双方的选择很令人遗憾，因为他们选择了最糟糕的方案。事实证明，在很多时候，参与者在人际博弈的过程中，往往都是在不知不觉做出最不理智的选择，而这些选择都是由于人们为一己之利所做出的，要么是零和博弈，要么是负和博弈，总之都是非合作性的对抗博弈。

互得实惠的正和博弈

正和博弈是双方都得到实惠的一种博弈，即我们通常所说的“双赢”。正和博弈谋求双方或多方利益的最大化，甚至为了共同利益的最大化，不惜牺牲个人利益。贸易与双方合作就是典型的正和博弈。说白了，贸易与合作就是一个双方妥协的过程，每个合作伙伴正是放弃了谋求个人利益的最大化，才有可能合作成功。

在当今市场条件下，企业能否取得成功，取决于它拥有资源的多少，或者说整合资源的能力。任何一个企业都不可能具备所有资源，但是可以通过联盟、合作、参与等方式把他人的资源变成自己的资源，增强竞争能力。

蒙牛酸酸乳是蒙牛旗下的一个子品牌，与传统牛奶产品定位于家庭不同，蒙牛酸酸乳品牌定位在年轻而有活力的人群，其中的年轻女性是非常重要的目标人群。为了区别以往的传统消费者，强化品牌的独特定位及个性，在蒙牛酸酸乳中加入一些“年轻”“活力”的元素，吸引这些年轻消费者的注意。这个市场定位正好与湖南卫视“超级女声”这档节目的形象相吻合。

2005 年在与湖南卫视“超级女声”的合作中，蒙牛酸酸乳改变单纯冠名的传统合作方式，而是更深入地与“超级女声”形成栏目－品牌产品的联动，进行了全方位的整合营销，使“超级女声”和蒙牛酸酸乳紧密地联系在一起。通过精心地合作与运作，二者都取得了极好的成效。

数据显示，2005年5月份蒙牛酸酸乳品牌位居乳饮料行业第一，并且获得“2005年中国品牌建设十大营销案例”及“2005年中国艾菲（EFFIE）奖日用品金奖”等殊荣，并在行业及消费者中产生了广泛的影响。借助对酸酸乳产品的成功宣传，蒙牛公司的整体企业形象也更上一个台阶。

“超级女声”这档节目由于获得蒙牛集团的大力赞助，品牌价值也得到了提升，“超级女声”白天时段收视份额最高值突破10%。除收取蒙牛冠名费2800万元外，由于“超级女声”带来的品牌效应，湖南卫视整个白天时段的广告报价都得到了提升，另外短信收入、广告收入都呈增长趋势。

从上述案例我们可以看出，合作营销更多的是一种策略的思考，强调优势互补，强强联合。通过双方的共同推动，双方都获得更大的品牌效益。

从现实中的人际交往来说，在发生矛盾和冲突时，如果人们能从对方的利益出发，能从良好的愿望出发，便能使人际交往达到互利互惠的正和博弈状态。就是说，在人际交往中，要达到利益最大化，就不能把自己的意志作为和别人交往的准则，而应该在取长补短、相互谅解中达成统一，达到双赢的效果。

一天，美国陆军部长斯丹顿气呼呼地对林肯总统说，一位少将用侮辱的话指责他偏袒一些人。林肯听后，立即建议斯丹顿写一封内容尖刻的信回敬那家伙。

于是，斯丹顿立刻写了一封措辞强烈的信，然后拿给林肯看。“好！写得好！”林肯高声叫好道，“就是要好好教训那家伙一顿。”

但是，当斯丹顿准备将信寄出去的时候，林肯却大声说：“不要胡闹！这封信不能发，快把它扔到炉子里去。凡是生气时写的信，我都是这么处理的。因为写信的时候就已经很解气了。如果你还不解气，那就再写一封吧。”

与人相处共事，不能意气用事，要冷静理智，在气头上不要去搅动人际关系的旋涡。最好的办法是自我发泄一通，转为冷静，相互都免受伤害和不用承担恶果。

又如，夫妻之间的互利互惠，可以使彼此间的感情更亲密。

曾有一对夫妻，妻子不幸瘫痪，丈夫是个聋哑人，在外人看来他们很不幸，他们却生活得很幸福。譬如他们要去镇上买一些日用品，由于丈夫不会说话，当然不好交际，所以，去镇上买东西的时候，这个聋哑丈夫一定会骑着三轮车，让妻子坐上，到了要买东西的地方，妻子便坐在三轮车上谈价钱。更可贵的是，他们从来没有因为某件事情而发生过争吵，为什么呢？这倒不是因为他们有多大本领，而是因为他们能互相弥补彼此之间的缺陷：妻子走路不方便，丈夫却有强健的身体；丈夫不会说话，妻子却有很好的口才。由于他们能取长补短，所以他们在一起生活得十分美满。

这种在交际中能互利互惠的情况，便是正和博弈。

两败俱伤的负和博弈

负和博弈，是指双方冲突和斗争的结果是所得小于所失，就是我们通常所说的其结果的总和为负数，也是一种两败俱伤的博弈，双方都有不同程度的损失。

例如，在生活中，兄弟姐妹之间相互争东西，结果就很容易形成这种两败俱伤的负和博弈。一对双胞胎姐妹，妈妈给她们买了两个玩具，一个是金发碧眼、穿着民族服装的捷克娃娃，一个是会自动跑的玩具越野车，看到那个捷克娃娃，姐妹俩同时都喜欢上了，而都讨厌那个越野车玩具。她们一致认为，越野车这类玩具是男孩子玩的，所以，两个人都想要那个可爱的娃娃。于是矛盾便出现了，姐姐想要这个娃娃，妹妹偏不让，妹妹也想独占，姐姐偏不同意。在两人争抢中，捷克娃娃被撕扯坏了，最终谁也没得到。

可以说，像这种情况在我们的生活中经常出现，在相处过程中，交往双方为了各自的利益或占有欲，而不能达成相互间的统一，产生冲突和矛盾，结果是交际的双方的利益都会受到损失。如上面所举的例子，姐妹俩互不让步，最后，娃娃坏了，谁都没得到，后果是：其中一方的心理不能得到满足，另一方的感情也有疙瘩。可以说，双方的利益都没有得到满足；双方的愿望都没有实现，剩下的只能是姐妹关系的不和或冷战，从而对姐妹间的感情造成严重的影响。

小王是一家公司的业务员，他为公司跑了整整一年的业务，年终结算，按原定计划他可以拿到3万元的销售提成，小王美滋滋地盘算着，这下可以热热闹闹地过个好年了。当他要求公司兑现时，却发现老板支支吾吾，一会儿说公司资金周转困难，一会儿说提成比例算错了，始终不愿马上兑现。

刚巧在这时，公司有一笔货款要他去收，差不多也是3万元。小王心想，既然老板不给他钱，一不做二不休，把钱收了，据为己有。被老板知道后，他和老板由原来的争吵升级到了双双动起了拳头，并闹到了派出所。最后的情况可想而知，小王因私自侵吞公司的货款，按照有关法律条例，被法院判了刑，而这位说话不算数的老板，也被客户和他的员工相继疏远，公司的生意从此一落千丈，很快就倒闭了。

真可谓，言而无信，两败俱伤。本来一个好好的公司，因为老板的失信和业务人员对法律的无知，让区区3万元钱造成这样的后果，实在是可惜。博弈双方只想争取自己的利益，结果双方谁也得不到。生活中，我们经常听到这样的话："我得不到的东西，你也休想得到。"仿佛通过这种谁也得不到的负和博弈，双方的心理才得到了平衡。

其实，很多事情是可以通过协商解决的，如上面所述的捷克娃娃事件，姐妹俩完全可以协商解决。既然两人都喜欢，可以一起玩，也可以先让姐姐玩几天，再让妹妹玩几天，不至于到最后谁也玩不成。当然像业务员拿不到提成，这提成该是自己的就要去争取，但应该通过合法途径来解决。

从零和博弈走向正和博弈

零和博弈是一种不是你输、就是我赢的博弈。正和博弈是一种“双赢”的博弈。许多看似不是你输就是我赢的零和博弈可以通过合作走向正和博弈。

20世纪70年代后期，博士伦公司大举收购其他隐形眼镜生产商并取得巨大的成功。然而，弱小的竞争者被大公司收购后，大公司又将面临更大的竞争者。

博士伦的这一举动也导致了整个隐形眼镜产业的衰落，整个产业以博士伦为大，产业之间缺乏内部的技术交流，博士伦不得不独自承担产品的技术研发费用，隐形眼镜产业失去了竞争机制，导致技术上落后，从而令整个隐形眼镜产业受到传统镜框眼镜的大举进攻，隐形眼镜产业的市场大幅萎缩。为了扩大隐形眼镜产业的市场占有率，博士伦又不得不扶持一些竞争对手。

这故事告诉我们，不要想一口吃掉所有的竞争对手，竞争对手之间也可以由零和博弈走向正和博弈。实现由零和博弈到正和博弈，要注意以下三点：

首先，别见利忘义，做人之本是心存善良。在人际交往的博弈中，之所以会出现零和博弈，大多是因为人的贪念，一心图谋别人的利益，这样的人往往从一开始就心存恶念，整天想着如何霸占别人的财产，以致用非正当的手段来达到自己的目的。

其次，就是要心胸开阔，能够互相体谅。这也是在人际交往中，避免发生零和博弈的一个重要原则。其实很多事情，就是由于人们心胸不够开阔、遇事处理不够理性而造成的。例如，邻居之间，如果一方能退让一步，另一方能体谅一点，就不会发生为了一点小事伤感情的事了。

最后，就是要诚心对待别人。人与人交往，无论在什么时候，都要以诚相待、多理解对方，这样，再难的事都能得到解决。

我们很多人都知道“六尺巷”这个传说。张英担任文华殿大学士兼礼部尚书。他老家桐城的官邸与吴家为邻，两家院落之间有条巷子，供双方出入使用。后吴家要建新房，想占这条路，张家人不同意。双方争执不下，将官司打到当地县衙。县官考虑到两家人都是名门望族，不敢轻易了断。这时，张家人一气之下写封信送到张英手里，要求他出面干预。张英看了信后，认为邻里之间应该谦让，于是给家里回信写了这样四句话：“千里修书只为墙，让他三尺又何妨？万里长城今犹在，不见当年秦始皇。”家人看完信后，明白其中含义，主动让出三尺空地。叶家见此情景，既感动又惭愧，也主动让出三尺，“六尺巷”由此得名。

包容忍让作为一种美德，源远流长。良好的人际关系是靠自己用心积累而成的。很多时候，我们应该放宽眼光，远望才能有更多收获，生活中才会充满欢笑。

> 面对博弈中的人际关系，一定要理性地分析，不可为了一己私利，或一时的胜利而破坏良好的人际关系，出现一方吃掉另一方的零和博弈现象。

第三章

囚徒困境：背叛理性的选择

囚徒困境是一个具有普遍意义且有趣的博弈论例子，可以说是理性的人类社会活动最形象的比喻。它准确地抓住了人性中的不信任和需要相互防范的真实一面。之所以会产生囚徒困境，是因为在囚徒困境的博弈中，每个局中人都以利益原则为第一个参考要素。

什么是囚徒困境

囚徒困境，是1950年美国兰德公司的梅里尔·弗勒德(Merrill Flood)和梅尔文·德雷希尔(Melvin Dresher)拟定出相关困境的理论，后来由顾问艾伯特·塔克(Albert Tucker)以囚徒方式阐述，并命名为“囚徒困境”。

有一天，一位富翁在家中被杀，家中财物被盗。警方在此案的侦破过程中，抓到两个犯罪嫌疑人，我们姑且称他们为囚徒A和囚徒B，并从他们的住处搜出被害人家中丢失的财物。但是，他们矢口否认曾杀过人，辩称是先发现富翁被杀，然后只是顺手牵羊偷了点儿东西。于是警方将两人隔离审讯。检察官说：“如果你们两人都供认，每个人都将因抢劫罪加杀人罪被判处2年监禁；如果你们两人都拒供，则两个人都将分别判处0.5年监禁；如果一个人供认另一个拒供，则供认者被认为有立功表现而免受处罚，拒供者将因抢劫罪、杀人罪及抗拒从严罪而被重判为5年。”

这个故事我们可以用一个图示来说明（图3–1）。

囚徒A \ 囚徒B	拒供	供认
拒供	0.5年，0.5年	5年，0年
供认	0年，5年	2年，2年

图3–1　囚徒困境

图3–1是表达两个局中人常用的一种博弈策略。此图应这样解读：

最左边是局中人 1（本例为囚徒 A），最上边是局中人 2（本例为囚徒 B）；左边的“拒供”“供认”是局中人 1 的策略，上边的“拒供”“供认”是局中人 2 的策略；四个单元格是双方策略组合的情况（本例中每人有 2 个策略，策略组合就有 2×2=4 个），每个单元格即一个策略组合；每个单元格中有两个数字，第 1 个数字代表局中人 1（囚徒 A）的盈利，第 2 个数字代表局中人 2（囚徒 B）的盈利。

从图 3–1 中可以发现，如果两个囚徒都拒供，则每个人判 0.5 年；如果两个囚徒都供认，则每个人判处 2 年。相比之下，两个囚徒都拒供将是一个最好的选择。

但是，这个结果实际上不太可能发生，因为两个囚徒权衡后会发现：如果对方拒供，则自己供认便可以立即得到释放，而自己拒供将会判处 0.5 年，因此供认是较好的选择；如果对方供认，则自己供认将被判处 2 年，而自己拒供则会被判处 5 年，因此供认是较好的选择。无论对方拒供或供认，自己选择供认始终能规避最差的结果。

其实“囚徒困境”是以不允许囚徒 A 和囚徒 B 进行沟通的假设，与实际生活中大部分情况是有差异的。例如，在企业的价格战中，企业之间也会多有沟通；即使在 20 世纪下半叶的美苏军备竞赛中，两个超级大国也会经常进行外交会谈，及时交换信息。

> 由于每个囚徒都发现供认可以避免最坏的结果，因此，博弈的稳定结果是两个囚徒都会选择供认。我们把这种稳定结果称为博弈的“纳什均衡点”。

我们不妨将条件放宽，允许囚徒 A 和囚徒 B 在审讯室里一起待上 10 分钟，然后再决定是否坦白。很明显，双方交流的主旨就是建立攻守同盟，克服自利心理，甚至可能订立一个口头协议，要求双方都不坦白。然后，双方再单独被提审。我们不妨设想囚徒 A 的心理，他一定会认为，如果囚徒 B 遵守约定，则自己坦白就可获得自由；如果囚徒 B 告密，自己若不坦白就会被长期囚禁。事实上，囚徒 A 的策略并没有因为简单的沟通或协议而摆脱两难境地。

企业之间相互沟通信誓旦旦，价格战仍然会爆发；曾经美苏两国经常会晤，甚至签订核不扩散条约，但军费一年高过一年。这些现象都反映了以上所说明的问题。

在更深刻的意义上，囚徒困境模型动摇了传统社会学、经济学理论的基础，这是经济学的重大革命。

西方传统经济学的鼻祖亚当·斯密在其传世经典《国民财富的性质和原因的研究》中这样描述市场机制："当个人在追求他自己的私利时，市场的看不见的手会导致最佳经济后果。"这就是说，每个人的自利行为在"看不见的手"的指引下，追求自身利益最大化的同时也促进了社会公共利益的增长，即自利会带来互利。

西方传统经济学秉承了亚当·斯密的思想。西方传统经济学认为：人的经济行为的根本动机是自利，每个人都有权追求自己的利益，没有私有，社会就不会进步，现代社会的财富是建立在对每个人自利权利的保护上的。因此经济学不必担心人们参与竞争的动力，只需关注如何让每个求利者能够自由参与，建立尽可能展开公平竞争的市场机制。只要市场机制公正，自然会增进社会福利。

但是囚徒困境的结果，恰恰表明个人理性不能通过市场实现社会福利的最优分配。每一个参与者可以相信市场所提供的一切条件，但无法确信其他参与者是否能与自己一样遵守市场规则。

生活中的囚徒困境

囚徒困境是一个静态条件下的博弈游戏，从商场的角度来说，博弈的结局往往注定了一个对双方来说都更差的结果。

一、企业间的价格战

价格战是市场竞争中普遍的现象。在日常生活中，我们时常可以发现家电、手机、空调、飞机票……无不充满着价格战。下面以彩电业的价格战为例，讲讲其中的囚徒困境。

自 20 世纪 90 年代中期以来，彩电行业竞争加剧，价格战烽烟四起。最大的 9 家彩电厂商占据了 70%的市场份额，在这样的市场中，博弈互动的特征就更加突出。

1999 年 4 月，长虹为扩大市场突然宣布彩电降价，这在彩电业引发了巨大震动。随即，康佳、TCL、创维达成默契：建立彩电联盟。直到 4 月 20 日下午，康佳仍表示不降价，但当晚康佳突然改变主意，搞得TCL、创维措手不及。4 月 24 日，本来三方准备坐下来商讨降价后的进一步策略，结果又是康佳爽约，于是价格战立即蔓延开来。但是，大家都降价对于扩大各自的市场其实并无多大帮助，反而削减了各自的利润——这是有事实为证的：1996—2000 年，彩电行业连续 8 次降价，统计资料显示，中国彩电行业进入全面亏损。

价格战于人于己都不利，但为什么彩电厂商还在打价格战呢？我们可以建立一个简单的囚徒困境博弈来加以解释。

假设彩电市场有两个大厂商，现在面临降价与不降价的选择。甲降价而乙不降价，甲扩大了市场，盈利增加 80 单位，乙市场缩小，盈利增加 –100 单位；反之，乙降价而甲不降价，则乙增加 80 单位，甲增加 –100 单位。倘若都降价，则各增加 –50 单位；都不降价，则都保持原来的销售利润，增加利润为 0。整个选择及其结果可用图 3–2 来表示。

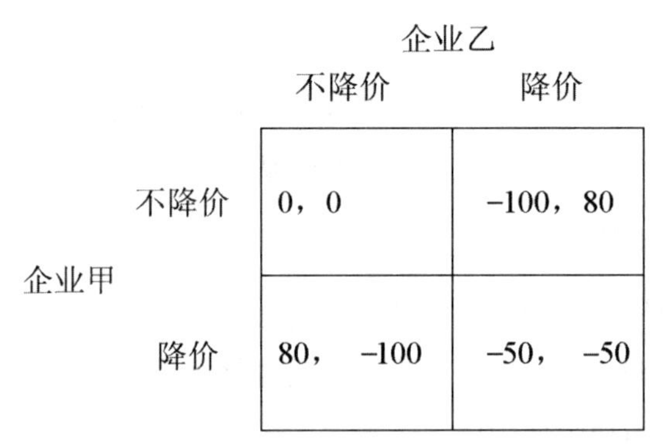

图3–2　彩电业的价格战

显然，从双方最好的结果来看，就是都不降价。但如同囚徒困境一样，降价是每个企业的优势策略：假定对方不降价，我最好降价（不降价得到 0，降价得 80 单位）；假定对方降价，我更得降价（不降价得 –100 单位，降价得 –50 单位）。

当然，大家可能还会想，企业之间是否可以进行某种联合来维持价格不降呢？真实的情况是，2000 年 6 月 9 日，TCL、海信、创维、厦华、乐华、金星、熊猫、西湖 8 家彩电企业召开了第一次彩电联盟峰会，它实际上就是一个价格联盟。结果到联盟生效之日时，大多数彩电商家仍然降价了，联盟成为一纸空文。当年 8 月，康佳响应长虹，在全国范围降价 20%，撕毁本无约束力的联盟协议，价格联盟即宣告破产。直到现在，我们还可以常常看到家电价格战的影子。

二、军备竞赛

冷战时期，美国和苏联大搞军备竞赛，双方都在军备方面投入了大量资金。如果双方都不增加军费支出，则双方的相对安全状况并没有变化，这样可将更多的资金投入经济建设。因此，都不搞军备竞赛对双方都有利。

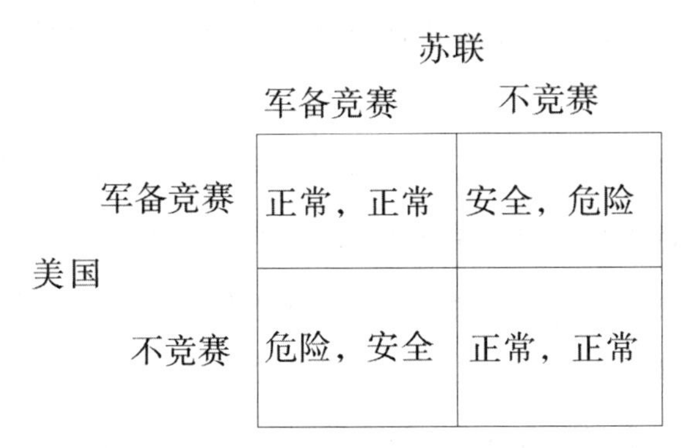

		苏联	
		军备竞赛	不竞赛
美国	军备竞赛	正常，正常	安全，危险
	不竞赛	危险，安全	正常，正常

图3–3　大国军备竞赛博弈

从图 3–3 可以发现，博弈的结果将是双方都不断增加军费。因为，假定对方不搞军备竞赛，自己搞军备竞赛可以使自己相对安全并使对手陷入危险；如果对方搞军备竞赛，自己更要搞军备竞赛才不至于使自己的处境相对危险。结果，搞军备竞赛实际上是各个国家的优势策略，大家都搞军备竞赛是优势策略均衡。

目前俄罗斯与乌克兰战争已持续了一年多的时间，随着战争局势的激烈加剧，以及对世界格局和地缘政治的影响，俄乌战争也势必会加剧全球范围内的军备竞赛，包括增加军费支出、改善军事技术和装备等。

囚徒困境下的利益至上原则

为什么会产生囚徒困境呢？这很大程度上是因为人的自私心理，即做事情只考虑自己的利益，而很少考虑别人的利益。经济学上把这种自私的人称为“理性的人”，他们由这个“理性的人”可以推出很多让人惊奇的结论。亚当·斯密就从“理性的人”出发，推出了市场那双“看不见的手”，认为只要制定完善的市场经济制度，每个人在这个游戏规则下去追求自身利益的最大化，就能促进社会的发展。而纳什却根据“囚徒困境”说明市场不是万能的，在适当的时候，应加强政府的干预。

当然，合理利用人的私心，确实可以促进整个社会或组织工作效率的提高，这正像嫉妒心一样，拥有适当的嫉妒心，对一个人是有好处的，因为在嫉妒心的驱使下，人们会想着去追赶别人，在合理的制度下（即人们不能通过非法途径致富），人们会选择更加努力工作。

我们假设一个工厂有 A、B 两个员工，由于工厂对工作努力者没有奖励制度，于是这两个员工都不努力工作，他们总是干干停停。工厂为了提高工作效率，决定对工作努力者进行奖励，如果两人不能进行信息沟通，不能达成协议，在利益的驱动下，两个人都会努力工作，从而提高整个厂的生产效率。

奖励在多人之间的博弈中，是非常有效的，因为在多人之间的博弈中，人们很难达成这样的协议，即大家都不努力工作。这样总有一部分人会得到奖励，然后，那一部分获得奖励的人与那些没得到奖励的人进行分配。只要大家达成这样的协议，那么吃亏的就是老板了，因为工厂效率不但没提高，老板反而还付出了一笔奖金。但在现实生活中，这种情况很难发生，因为人不喜欢与他人分享利益，往往还想获得更大的奖励。

在双人博弈中，这种协议却很容易达成。比如，上级为了在两名员工之间提拔一名当副总，并对两人许诺，你们两个谁工作更卖力，我就提拔谁。两个人如果在能力相当的情况下，都拼命地工作，那么两人获得提拔的概率是 1/2，但他们要为此付出辛勤的劳动。如果他们都不努力工作，获得提拔的概率也是 1/2，既然如此，他们为什么不达成这样的协议，即两人都不努力工作，只要一个人提拔后就给另一个好处。这样只要提拔后得到的好处，与未提拔分得的好处相当，那么两人是很容易达成协议的，何况这样还免去了努力工作的劳累。

那么上级应如何应对这样的协议呢，答案就是隐性歧视。很显然，显性歧视（如性别歧视）是一些国家法律所不容许的，所以得不到推广，而隐性歧视具有很强的隐蔽性，且不会触犯国家法律。如老板内定一个员工晋升，这个员工自己知道而另外一个员工不知道。这样，被偏爱的员工知道自己获胜的概率大于1/2，因此如果要合谋，他就会要求以大于1∶1的比例分得利益，而被歧视的员工（因为歧视是隐性的）显然不知道自己获胜的概率小于1/2，他仍会要求按1∶1的比例分得利益，这样，最后双方就不可能达成合谋协议——因为双方要求利益的总和小于合谋利益的总和。可能你会问，如果那个被偏爱的员工告诉被歧视的员工，自己是内定人选，那么岂不会导致被歧视的员工不努力，而被偏爱的员工只要稍微努力就够了吗？对这个问题的回答是：一般来说这样的情况并不会发生，一是因为被偏爱的员工一般并不愿意透露自己是依靠某种不正当的关系被提拔的，他们更希望别人认为他是凭能力晋升的；另一方面，一个员工向另一个员工说自己是内定的，另一个员工会简单地相信吗？他会认为对手故意以此来诱导他放弃努力，那么他的策略最好是不要相信。

此外，现实中隐性歧视可以做得更复杂微妙，例如，上级把两个下属分别在不同时间叫到办公室，跟他们讲了这样一段话："小A啊，你要努力呀，你们两个候选人中，我是比较看好你的，同等条件下，我一定建议老板首先考虑提拔你，希望你不要辜负我的期望。"结果，两个员工对取胜的主观概率都超过了1/2，合谋便不能达成，而上级所需要的两个人的最优努力水平也就实现了。

巧设囚徒困境，为自己服务

囚徒困境作为一种博弈的方式或游戏，如果能对它的条件进行改变，那么也能够走出困境，改变最终的结果。

一、从一个历史故事说开去

春秋时，楚国杰出的军事家、政治家伍子胥，性格十分刚强，青少年时即好文习武，勇而多谋。伍子胥的祖父伍举、父亲伍奢和兄长伍尚都是楚国的忠臣。周景王二十三年，楚平王怀疑太子“外交诸侯，将入为乱”，于是迁怒于太子太傅伍奢，将伍奢和伍尚骗到郢都杀害，伍子胥只身逃往吴国。

在逃亡途中，伍子胥在边境上被守关的斥候抓住了。斥候对他说：“你是逃犯，我必须将你抓去面见楚王！”

伍子胥说：“楚王确实正在抓我。但是你知道楚王为什么要抓我吗？”

斥候冷冷地说：“我没必要知道，你是逃犯，我就可以抓你去受功领赏。”

伍子胥从容自若地说：“不，你需要知道。因为有人向楚王告密，说我有一颗价值连城的宝珠。楚王一心想得到我的宝珠，可我的宝珠已经丢失了。楚王不相信，以为我在欺骗他。我没有办法了，只好逃跑。”斥候冷笑着说：“宝珠丢了，至少我还抓住了人，我想楚王还是有奖赏的。”

伍子胥摇头说：“不，你又错了，现在你抓住了我，还要把我交给楚王，那我将在楚王面前说是你夺去了我的宝珠，并吞到肚子里去了。楚王为了得到宝珠就一定会先把你杀掉，并且还会剖开你的肚子，把你的肠子一寸一寸地剪断来寻找宝珠。这样我活不成，而你会死得更惨。”斥候信以为真，非常恐惧，觉得没必要以命相搏去换取那一丁点的奖赏，于是赶紧把伍子胥放了。伍子胥终于脱险，逃出了楚国。

这个故事可以算作是对囚徒困境的一个精彩注解，我们这里假设伍子胥被抓后将被杀头获得 –10 的收益，斥候被伍子胥诬陷将被剖腹也是 –10 的收益，斥候释放伍子胥，双方都得不到任何收益，伍子胥巧妙地在自己和斥候之间设了一个囚徒困境。我们可以用图 3–4 来表示。

		斥候：押送	斥候：释放
伍子胥	诬陷	–10， –10	×，0
	不诬陷	–10，8	0，0

图3–4 伍子胥和斥候的博弈

在这里，斥候只要放了伍子胥，他是不可能诬陷斥候的，所以用“×”表示。由于伍子胥一口咬定，只要斥候押送他到楚王那，他就诬陷，所以这个矩阵又可简化为如图 3–5 所示。

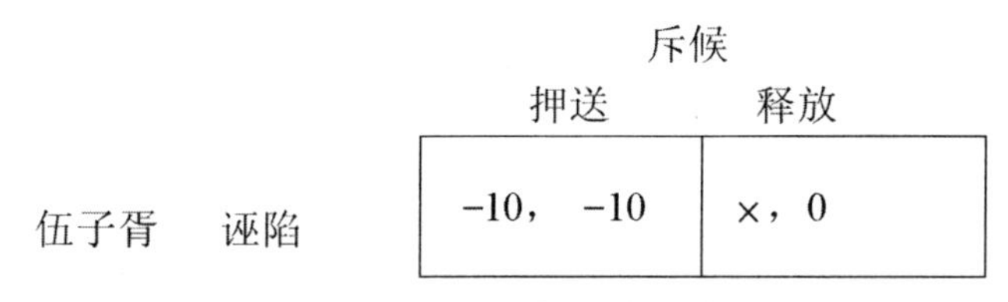

		斥候：押送	斥候：释放
伍子胥	诬陷	–10， –10	×，0

图3–5 伍子胥和斥候的最终博弈

这时，斥候要么把伍子胥押送到楚王那，双方各获得 –10 的收益，要么把伍子胥释放，自己收益为 0，但免去了伍子胥的诬陷。两害相衡取其轻，每个明智的人都会选择释放。其实，这也是信息不对称下的博弈，伍子胥知道斥候的信息，但斥候不知道伍子胥的信息，即楚王抓伍子胥并不是为了获得什么宝珠，其真实目的是斩草除根。

二、巧设囚徒困境，压低供应商价格

小王是一家计算机制造企业的采购员，由于本公司要组装 1000 台计算机投入市场，公司派小王去采购 1000 个同样的计算机配件。假设每个配件的生产成本为 6 元，如果小王分别向两家供应商各订购 500 个配件，那么每个供应商就会把价格定在 10 元，从而每个供应商将获利 500×（10–6）=2000 元，而小王的支出将是 1000×10=10000 元。但这显然不符合公司的低成本采购原则，于是小王巧设了一个“囚徒困境”，从而给公司带来了好处。他的对策如下：

如果价格在 10 元，则向两家供应商各订购 500 个。如果一家把价格降到 8.5 元，而另一家保持在 10 元，则 1000 个订购全部给低价的供应商。如果两家都把价格降到 8.5 元，则仍向两家分别购 500 个。在这样的情况下，经简单计算可以发现，如果两个供应商都不降价，则各自获利 500 ×（10–6）=2000 元；如果都降价，则各自获利 500 ×（8.5–6）=1250 元；如果一个降价一个不降价，那么降价者获得 1000 ×（8.5–6）=2500 元，而不降价者将得 0 元。这就在两个供应商中造成了“囚徒困境”，如图 3–6 所示。

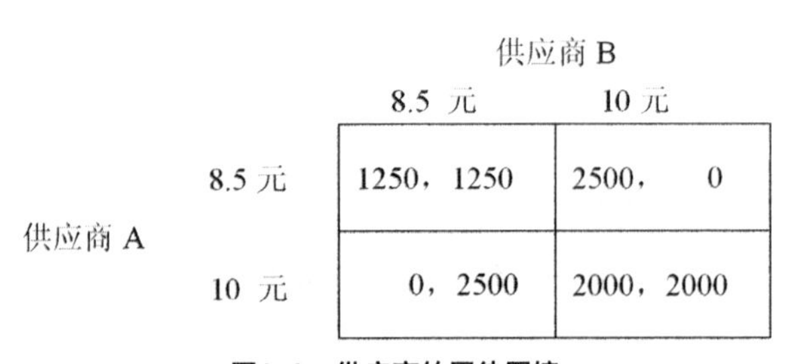

		供应商 B	
		8.5 元	10 元
供应商 A	8.5 元	1250，1250	2500，0
	10 元	0，2500	2000，2000

图3–6　供应商的囚徒困境

从图 3–6 我们不难发现，两家供应商都选择 8.5 元就是“纳什均衡点”了。而此时，小王付出的总订购成本又是多少呢？1000×8.5=8500 元，比最初节约了 1500 元。

当然，我们必须说明的是，这样的机制只有在非重复博弈情况下有用，尤其是当你告诉供应商这笔合同只有一次报价机会的时候，每个供应商为了抓住仅有的一次机会，而不得不就范。

如何走出囚徒困境

囚徒困境在于两个人都做出了看上去对自己最有利的选择，实际上却陷入了一个对双方都不利的困境中。那么，我们如何做才能走出“囚徒困境”，维护共同利益呢？这就需要对背叛进行严格的惩罚。

一、惩罚措施

我们还是以囚徒困境中的两个囚徒为例，假如两个囚徒在事前就达成了有关盟约，即双方都不招供，一方如果招供，另一方就可以对他进行严厉的惩罚，这样，招供的囚徒由于担心未来的报复而会选择拒供，这样就使“拒供”成为均衡的结果。合作就很容易达成。

又如，2014 年以来，伊朗和伊拉克两个国家都想通过扩大石油的生产量，来提高自己国家的收入，最终结果却是，由于生产量大幅增加，石油价格下跌了。

为了避免这样的“囚徒困境”，这时就需要有一个联合组织机构来惩罚作弊行为。这样一来，石油生产国就不敢再盲目扩大产量，而会控制产量，维护共同利益。

囚徒之间的报复使我们得出了一个启示，只要对囚徒不合作行为的惩罚是足够强的，那么就可以使囚徒的行动走到合作的轨道上来。

上述问题可简称为“一报还一报”策略，是由密歇根大学政治学家罗伯特·爱克斯罗德（Robert Axelrod）提出来的。

“一报还一报”是人类最古老的行为规则之一。它要求我们最初总以善意待人，在没有被欺骗之前，永远不要主动欺骗他人；一旦发现他人的欺骗，下次交往时要毫不犹豫地惩罚；惩罚过后，又回到起点，继续善意待人。在这种行为规则中，永远只需记忆对方最近一次的行为，宽容看待对方的过往行为，除了上一次背叛。

我们可以把“一报还一报”策略归纳为以下五点：

第一，要保持善良。即坚持不首先背叛对方，开始总是以善意的态度选择合作，而不是一开始就选择背叛或主动作弊。

第二，是可激怒性。即如果对方背叛，它能够及时识别并一定要采取惩罚行动，不会让背叛者逍遥法外。

第三，具有宽容心。它不会因为别人一次背叛，长时间怀恨在心或者没完没了地惩罚，而是在对方改过自新、重新回到合作轨道时，能既往不咎地恢复合作。

第四，简单性。它的逻辑思维清晰，易于识别，能让对方在较短的时间内辨别其策略所在。即观点鲜明，当对方选择背叛时，他就会惩罚，让对方明白背叛的后果。

第五，不生忌妒心。不要小聪明，不占对方便宜，不在任何双边关系中争强好胜。人们往往习惯于考虑零和博弈，倾向于采取对立的标准，常常把对方的成功与自己的成功对立起来。这种标准导致了嫉妒，使人企图抵消对方已经得到的优势。在囚徒困境下，抵消对方优势只能通过惩罚的方式来实现，但是惩罚会招致更多的来自对方的惩罚。因此嫉妒就是自我毁灭。

二、建立长期的关系和多次重复博弈

李大妈家就住在市场附近，她准备帮女儿买双高跟鞋，因为女儿身材矮，明天又要去相亲，穿高跟鞋可以让女儿显得高一些。但女儿虽然身材矮小，她平时却不喜欢穿高跟鞋。李大妈就想，反正买一双，她也穿不了几天，就拣最便宜的买吧。于是，李大妈就在一家店铺里挑了一双 20 多元的高跟鞋，她也知道这鞋质量不是很好，但能应付几天就行了，于是就买了回去。女儿约会完回家后就开始抱怨，说妈妈买了一双便宜鞋，穿这鞋跟对象还没走几步，鞋跟就断了，害得我在对象面前出了洋相。

李大妈心想，这还得了，竟然坑到我头上来了。一双鞋质量再不好，也该能穿上半个月，怎么能一天不到就坏了呢。于是李大妈跑去和卖鞋的人理论。卖鞋的见李大妈家就住市场附近，心想我们的生意还得靠他们照顾呢。于是便说，我们卖的鞋一般是不退的，我看你就住附近以后还得常来往，就给你退了吧。

这个故事就体现了一次性博弈不容易达成协议，而多次性重复博弈容易达成协议。前面已经分析过，如果囚徒困境只是一次性的博弈，那么签订协议是毫无意义的，其“纳什均衡点”并不会改变。可是签订协议的一个最基本的条件，就是博弈需要重复若干次地进行。就恋爱博弈来看，男女双方在交往的过程中，随时都在博弈，因为相爱的过程中任何一个时点都是有可能分手的。用博弈论的术语来说，这是一种囚徒困境的重复博弈。无数爱情故事中的悲欢离合、精彩跌宕正是这个博弈模型的表现。

我们在这里要注意的是，重复博弈与我们前面所提及一般性的动态博

弈是不同的。多轮动态博弈中，参与者能够了解到博弈中的每一步，其他参与者在自己选择的某种策略下行动，而重复博弈的参与者无法了解在任何一个步骤中，其他参与者的策略选择。

囚徒困境一旦从一次性博弈转变为重复博弈，情况会发生非常大的改变，博弈的结局也就是“纳什均衡点”可能会完全不同。

实际上，在重复型的囚徒困境中，签订合作协议并不是很困难，困难的是这个协议对博弈各方是否具有很强的约束力。一个合作契约建立的难点在于任何协议签订之后，博弈参与者都有作弊的动机，因为至少在作弊的这一局博弈中，作弊者可以得到更多的收益。用爱情来打个比方，常言道：婚姻是爱情的坟墓。但从博弈论的角度来看，婚姻恰恰是男女双方签订的一种具有一定约束力的协议，因为一方一旦背叛婚姻，就会受到来自家庭的压力与社会舆论的谴责。

在博弈理论中，博弈专家已经用数学证明，在无限次重复博弈的情况下，合作可能是最稳固的。如果博弈重复无穷多次，那么双方就会逐渐从互相背叛走向互相合作。因为任何一次背叛都会招致对方在下一次博弈时的报复，而双方都取合作态度会带来合作收益。

三、制订带剑的合约

西方哲学家卢梭说过：“究竟是什么不可思议的艺术，使人类找到一种法，通过强迫人们服从，从而使他们获得自由？”

其中最著名的一个答案是由托马斯·霍布斯给出的。霍布斯是现代英国君主立宪政体的理论奠基人，其代表作是政治学名著《利维坦》（*Leviathan*）。“利维坦”意指一个强大的国家。霍布斯说：“人的自然本性是自私自利、恐惧、贪婪、残暴无情的，人与人互相防范、敌对、争战不已，像狼和狼一样处于可怕的自然状态中。于是出于人的理性，人们同意订立契约，放弃各人的自然权利，把它托付给某一个人或一个由多人组成的集体（如议会、董事会、法院等），这个人或集体能把大家的意志化为一个意志，能把大家的人格统一为一个人格；大家都服从他的意志，服从他的判断。这个人或这个集体就是主权者，而像这样通过社会契约而统一在一个人格之中的一群人就组成了国家。”按照他的观点，没有集权的合作是不可能实现的。因此，一个有力的政府是必要的。

霍布斯对合作协议的观点是：“不带剑的契约不过是一纸空文。它毫无力量去保障一个人的安全。”这就是说，没有权威的协议并不会形成民主，而会导致无政府状态。最后，霍布斯总结道：“在一切政体中，最坏的政体并不是专制而是无政府状态。”霍布斯的观点虽然有些偏激，却不无道理。根据博弈论的观点，无论是一次性或有限多次的重复博弈，“囚徒困境”产生这种结局的原因是两个囚犯都基于自身利益的角度考虑，这最终导致合作协议无法稳定遵守。

刘易斯·托马斯曾说：“人际行为是人类社会中最奇怪、最不可预测和最难以解释的现象。自然界中人类面临的最大威胁恰是人类本身。”如何摆脱“囚徒困境”？认识自我，了解他人，尤为重要。

实际上，决定合作协议是否能够被双方执行的最关键的要素有两个，即承诺与威胁。所谓承诺，在囚徒困境中就是囚徒向对方相互许诺，在下一次博弈时会采取对对方有利的行为；所谓威胁，就是某个囚徒告知对方如果下一次博弈时他采取招供策略而不合作，在下下一次博弈时就会采取不利于对方的策略即招供。其实，在社会生活中，承诺与威胁是非常常见的现象。比如女孩告诉她男朋友，如果他敢结交其他的女孩，只要被发现一次，就立刻分手，这是威胁；而她男朋友向她发誓自己绝对是个专一的情圣，绝不会背叛爱情，这就是承诺。

合作的关键是承诺与威胁的可信度究竟有多大。因为承诺与威胁都是在博弈者进行策略选择之前做出的，承诺与威胁对博弈者的约束力越小，那么合作的可能性就越小。

四、培养组织内部的忠诚文化

两军对垒，一旦吹响冲锋号，我们很少看见退缩在后方故意不向前冲锋的人。按照博弈论的观点，在一场战争中，冲在最前面的人往往是最容易牺牲的，那么相对的落后就不那么危险了，而且因为是相对落后，就很难判断有临阵脱逃的嫌疑，因此军法在这里也就不好用了。那么当冲锋号响起的时候，为什么还有那么多的士兵奋不顾身地往前冲呢。答案就是部队内部已通过严厉的训练，培养了士兵很高的忠诚度。

有人曾说过，在忠诚下不相信博弈。的确当两个囚徒相互信任并忠诚于自己的组织时，他们很可能双双做出拒供的选择。在现实生活中，也能找出很多这样的例子，如一些犯罪嫌疑人在警察局拒不坦白是因为他们要讲“江湖义气”。这种“江湖义气”就是一种对同伴及组织的忠诚。

钟仪的故事想必大家都听过。

钟仪本是春秋时楚国人，是有史书记载的最早的古琴演奏家，他家世代都是宫廷琴师。春秋楚、郑交战的时候，钟仪被郑国俘虏，献给了晋国。

公元前600年晋成公去世，晋景公继位，到军中视察，遇见了他，晋景公问：“那个被绑着、戴着楚国帽子的人是谁？”钟仪说：“楚国的俘虏。”景公又问：“你姓什么？”钟仪说：“我父亲是楚国的琴臣。”景公就命令手下的人给钟仪松绑，给他一张琴，命他演奏，他弹奏的都是楚调。景公又问：“楚王是一个怎样的人？”钟仪说：“王做太子的时候，有太师教导他，太监伺候他。清早起来以后，像小孩子一样玩耍；晚上睡觉。其他的我不知道。”范文子对景公说：“这个楚国俘虏真是了不起的君子呀。他不说自己的姓名而说他父亲，这是不忘本；弹琴只弹楚国的音乐，这是不忘旧；问他君王的情况，他只说楚王小时候的事，这是无私；只说父亲是楚臣，这是表示对楚王的尊重。不忘本是仁，不忘旧是信，无私是忠，尊君是敬。他有这四德，交给他的任务必定能办得很好。”于是晋景公以对外国使臣的礼节待他，为了促进两国相交，让他回楚国以示友好。钟仪便被称为“四德公”。

这就是对国家的忠诚。事实上，在很多组织中，团体所面临的囚徒困境问题的轻重程度是大不相同的。这种差异的根本来源就是各个组织有不同的文化，有些组织比其他组织更倾向于合作。我们对组织如何克服囚徒困境的建议就是培育忠诚文化。

五、用人与人之间的道德关系来克服囚徒困境

用“带剑”（法律、保证金）的合同来保证合约的执行当然是有效的，却导致了过高的成本，有没有其他成本更低的方法来保证合约执行呢？回答是肯定的，除了法律或暴力之外，还有处理人际关系的道德。亚当·斯密曾说过：“最商业化的社会，也是最讲究道德的社会。”

人类道德的产生一般有两种解释：一种是纯文化因素在起作用，有些国家道德程度高，有些国家则低。如北欧人的道德感高于意大利人的道德感。或者是宗教信仰的原因，怕上帝惩罚你，所以有宗教信仰的人道德感要强于一般人。如在美国，教会的人的道德感比较强，因为他们认为若不遵守道德，将来会下地狱。在这种解释中，道德是外界强加于人们的，使人们不违约。而第二种解释更值得深思，即博弈论是如何解释道德的。

道德可以打破囚徒困境的难题，化解个人理性与社会群体理性的矛盾，维持整个社会经济体系的稳定与发展。关于这一点，我们来看一个猴群博弈的故事。

有一群猴子被关在笼子里，在笼子的上方有一条绳子，绳子上拴着一根香蕉，绳子另一端连着一个机关，机关又与一个水源相连。猴子们发现了香蕉，有猴子跳上去够这根香蕉，当猴子够到时，与香蕉相连的绳子带动了机关，于是一盆水倒了下来。尽管够到香蕉的猴子吃到了香蕉，但其他猴子会被淋湿。这个过程不断重复着，猴子们发现，尽管有猴子吃到香蕉，但吃到香蕉的猴子是少数，而大多数猴子都被淋湿。经过一段时间，猴子们自觉地行动起来，每当有猴子去抓香蕉，就有其他的猴子因愤怒而自动地去撕咬那个猴子，久而久之，猴子们达成了共识，再也没有猴子敢去取香蕉了。

在这个故事里，猴子间产生了“道德”。如果这群猴子构成一个社会，它们也繁衍下一代，它们会将自己的经历告诉下一代，渐渐地猴子们便认为取香蕉的后果对其他猴子不利，从而认为去取这个香蕉是“不道德的”，它们也会自动地惩罚“不道德的”猴子。当然这只是一个故事，但这个博弈故事却反映了人类道德的产生过程。

霍布斯认为人类在没有任何约束的自然状态中，就是“人与人之间像狼与狼一样”，是“每个人对每个人的战争”。在这种状态下，每个人都力图保护自己的利益，并企图占有别人的东西，每个人都是其他人的敌人。此时没有任何规则，没有财产，没有正义或不正义，只有战争。武力与欺诈是战争中的两大基本要素。因此人类在自然状态下无法产生文明。与国家一样，道德也是对某些不合作行动的惩罚机制。这种机制的出现使人类从囚徒困境中走出来。人的正义与非正义的观念产生了道德感。道德感使人们对不道德的或不正义的行为进行谴责并不和不道德的人进行合作，从而使不道德的人遭受损失。这样，社会上不道德的行为就会受到抑制。因此只要社会形成了道德和不道德、正义和非正义的观念，就自动地产生了调节作用。

当然，道德约束有其自身的局限性。它对不道德的行为的抑制是有限度的，当不道德的行为带来的利益大于道德的满足时，道德约束的作用便失效。举个很简单的例子，拾金不昧是理所当然的美德，当捡到别人丢的100元时还给失主不仅有道德满足感，还会受到社会的表扬，建立起自己的美誉；若故意不交还失主并被发现，则会受到严厉的谴责并失去社会信誉。假想一下，当一个人捡到别人遗失的价值上百万的珠宝时，他极大可能归为己有。这是因为道德的满足感与可能所受谴责的效用远小于所捡物品给他带来的效用。在这种情况下，道德的作用就失效了，法律就不可替换地代替了道德。

第四章 博弈论中的猜心术

“没有永恒的朋友，只有永恒的利益。”这句话告诉我们，利益是决定我们是否合作的关键，如何利用策略性因素来维持或争取利益，关键是要看透对手的策略，也就是猜心。无论面对主管、生意伙伴，还是朋友，我们每天都生活在有形或无形的谈判桌前。如何猜透对方的想法，是我们应用策略的关键。

敌我之间的猜心术

《孙子兵法》云：知己知彼，百战不殆。除了知道自己、敌人的战术、实力外，我们还要知道敌人眼中的自己。

一、从诸葛亮的“空城计”看敌我之间的猜心术

三国时期，诸葛亮因错用马谡而失掉战略要地——街亭，魏将司马懿乘势领十五万大军向诸葛亮所在的西城蜂拥而至。当时，诸葛亮身边没有大将，只有一班文官，所带领的五千军队，也有一半运粮草去了。众人听到司马懿带兵前来的消息都大惊失色。诸葛亮登城楼观望后，对众人说：“大家不要惊慌，我略用计策，便可教司马懿退兵。”

于是，诸葛亮传令，把所有的旌旗都藏起来，士兵原地不动，如果有私自外出及大声喧哗的，立即斩首。又教士兵把四扇城门打开，每个城门附近派20名士兵扮成百姓模样，洒水扫街。诸葛亮自己披上鹤氅，戴上高高的纶巾，领着两个小书童，带上一张琴，到城上望敌楼前凭栏坐下，燃起香，然后慢慢弹起琴来。

司马懿的先头部队到达城下，见了这种情形，却不敢轻易入城，便急忙返回报告司马懿。司马懿听后，笑着说：“这怎么可能呢？”于是便令三军停下，自己飞马前去观看。离城不远，他果然看见诸葛亮端坐在城楼上，笑容可掬，正在焚香弹琴。左边一个书童，手捧宝剑；右边也有一个书童，手里拿着拂尘。城门内外，20多个百姓模样的人在低头洒扫，旁若无人。司马懿看后，疑惑不已，下令撤军。

他的次子司马昭说：“莫非是诸葛亮家中无兵，故意弄出这个样子来吓我们，父亲您为什么要退兵呢？”司马懿说：“诸葛亮一生谨慎，不曾冒险。现在城门大开，里面必有埋伏，我军如果进去，正好中了他们的计。还是快快撤退吧！”于是各路兵马都退了回去。这就是《三国演义》中的空城计。当然“空城计”里有罗贯中的杜撰成分，这就如博弈论中的游戏一样，不一定会在现实中出现。但是作为一个博弈模型，这个故事还是很具启发性的。

在这场博弈中，司马懿兵多将广，但不知道自己和对方在不同行动策略下的实际情况，而诸葛亮是知道的，他们对博弈结构的了解是非对称性的。诸葛亮知道自己兵力微弱，但是司马懿并不知道。而且，为了让司马懿无从了解、判断，诸葛亮还偃旗息鼓，大开城门，打起了心理战。诸葛亮也知道，司马懿心目中的自己是谨慎、小心的，不轻易冒险，除非设有埋伏才可能镇定自若，在这种情况下诸葛亮自然敢赌。而司马懿看了这种情况，觉得“退”比“攻”更合理，或者说期望效用更大，于是引兵而去，结果使诸葛亮得以逃过此难。

在这场猜心博弈中，司马懿输了。他根据以往的经验，判断诸葛亮必不敢冒险，结果错过了战胜诸葛亮的最佳时机。心理战在博弈中非常重要，尤其是双方对垒中的博弈，有时候心理战完全凭感觉，而感觉又依赖于以往的经验，但世事多变，此处经验未必适合彼处。即使掌握全面信息，即处于信息对称的状态下，也未必能做出正确的判断。

二、如何利用对方已透露的信息

敌我对垒中的博弈是一种零和博弈，一个人赢就意味着另一个人输。因此在参加一场输赢的博弈之前，必须从另一方的角度对这场博弈进行评估。理由在于，假如对方愿意参加这场博弈，那一定认为自己可以获胜，同时也意味着他认为你一定会输。那么是否存在着看起来对双方都有利的

“博弈”呢？

过节了，地主给长工张三和李四每人发了一个红包，但是张三和李四谁也不知道对方的红包有多少钱。狡猾的地主把张三和李四叫到跟前说：“你们的红包一个里面有1000元，另一个里面有3000元，但是现在有一次机会，你们可以互换红包。但是我要从中间收取100元的公证费。”这时张三就想：“如果李四钱包里有3000元，那么除了100元保证费用我就可多拿到1900元，如果李四包里是1000元那么我只损失100元，换比较划算。”同时李四也做了这样的推理，所以他们都表示愿意交换。当地主再问他们：“你们确实愿意交换吗？”他们异口同声地回答：“愿意。”地主的嘴角露出了一丝诡异的笑容。结果可想而知，两个红包都只有1000元，张三李四各损失了100元。

整个过程张三和李四的想法错在何处呢？其实他们先前所做的“风险评估”是没有问题的，错就错在地主再问一次“你们确实愿意交换吗”的时候，双方可以想一下“为什么对方愿意换？无非是对方的红包只有1000元”。如果能想到这一步，二人就不会做出错误的决定了。

这个例子说明，在一场零和博弈中，缺乏策略思维，难免会犯错误。

同伴之间的猜心术

我们常常会遇到各种各样的人，有的人能给你提供热心的帮助，有的人却让你头皮发麻。所以我们要善于从这些人的言谈举止中去揣摩对方的想法，以减少一些不必要的麻烦。

一、用利益的锁链拴住同伴的心

我们知道在囚徒困境中，囚徒选择背叛，是因为选择背叛对囚徒个人有利。这是公共利益与个人利益冲突时，人们选择个人利益而忽略公共利益的典型案例。那么，当个人利益与公共利益一致时，或当只顾个人利益、忽略公共利益而对个人利益也有害时，人们还会只顾个人利益而不顾公共利益吗?

其实亚当·斯密的“看不见的手”说的就是在个人利益与公共利益一致时的情况。这就给了我们一个启示，合作时，应把双方的利益联系起来，发生一荣俱荣、一损俱损的情况时，人与人之间的合作是最稳定的。

三国时期，吴蜀的联盟之所以成功，很大程度上是因为双方有共同的利益，即面临魏军的威胁，如果吴蜀不联合，很可能会被魏军这个最厉害的敌人各个击破，为了各自的利益不受损害他们走到了一起。后来在赤壁之战中，他们击败了共同的敌人——曹操之后，他们共同的利益已不复存在，分道扬镳也是迟早的事。何况，当时赤壁之战的主要功劳要归于吴国，蜀国只是辅助而已。在战败曹操后，蜀国又借机扩充自己的势力，实力已在吴国之上，位居第二的位置，“荆州借后不还”也是吴国的一块心病。

后来，关羽镇守荆州，东联孙吴的战略也渐渐地被他抛弃。诸葛亮在离开荆州的时候嘱咐关羽切记“东联孙吴，北抗曹魏”，但关羽未能彻底贯彻这一战略（当然，这可能也与荆州的归属纠纷有关），以致败走麦城为东吴所杀。刘备怀恨在心，调兵遣将要为关羽报仇，这时蜀、吴的联盟就彻底地破灭了。

在这里，我们自始至终看到的都是“利益”二字，没有利益的合作是不可能长久的。

二、对同伴只信任是不够的

人们常说："用人不疑，疑人不用。"这里强调的是怀疑可能会引起同伴的猜忌和不满，从而不利于合作。但人与人之间总得有一个互相接触的过程，我们不可能一开始就给对方以完全的信任，在经过一段时间的接触后，可能觉得他可用，可以信任。但事物是发展的，随着你或外界环境的变化，你的同伴可能变得不如原来值得信任。所以，从博弈学的角度来说，只知道信任对方是不够的。

李斯是楚国上蔡人，韩非是韩国的贵公子。李斯的政治抱负从他的厕鼠之叹可见一斑，当他看到仓中鼠与厕中鼠巨大的差异时，感叹地说："人之贤与不肖，譬如鼠矣，在所处耳！"这意思是说，一个人有没有出息，就如同老鼠一样，是由自己所处的环境决定的。这句话说明了，他就想谋一个好的职业，用现在的话来说就是想找一个能赚大钱的工作。

韩非是韩国的贵公子，但是他天生口吃，造成了与人交流的障碍，因此，也就显得孤独，与人落落寡合。他有着远大的理想和抱负，一心想实现他的法家理论，成为像孔子那样的思想家。韩非和李斯两人都求学于荀子门下，学帝王之术。两人的政治抱负虽然不同，但关系很好，韩非一直把李斯当作最好的朋友。

经济学家克雷普斯提出的"俗定理"认为，如果博弈双方将存在多次博弈，博弈双方可能走向合作，但也可能走向相互背叛、欺骗。这意味着在重复博弈中，信任缺乏和不信任将会存在。所以就博弈双方而言，一时的信任很难保障合作关系。

时光荏苒，转眼之间学业已经修满了。韩非辞别老师，回到韩国去了，他想将在这里学到的知识服务于韩国，实现他埋藏在心中要让韩国富国强兵的夙愿。李斯也来辞行，去了他认为最有发展前途的秦国。

李斯到秦国后，正赶上秦国庄襄王去

世，十二岁的嬴政即位，吕不韦独揽大权。

李斯审时度势，请求充当吕不韦的门客。因为李斯是一代大师荀子的学生，所以吕不韦格外器重他，任命他为郎官。这样李斯就有了向秦王嬴政游说的机会。他对秦王说："平庸的人失去机会，成大业的人能利用机会并且下手快、出手狠。从前秦穆公虽然称霸天下，但最终没有吞并山东六国，这是什么原因呢？原因在于诸侯的人数尚多，周朝的德望也没有衰落，因此五霸交替兴起，相继推崇周朝。"

自从秦孝公以来，周朝衰微，诸侯之间互相吞并，函谷关以东地区化为六国，秦国乘胜奴役诸侯已经六代。如今诸侯服从秦国就如同郡县服从朝廷一样。以秦国的强大、大王的贤明，就像扫除灶上的灰尘一样，足以扫平诸侯，成就帝业，使天下统一，这是万世难逢的好机会。倘若现在懈怠而不抓紧，等到诸侯再强盛起来，又订立合纵盟约，虽然有黄帝的智慧，也不能吞并它了。秦王嬴政就任命李斯为长史，听从了他的计谋，暗中派遣谋士带着金玉珠宝去各国游说。对各国著名人物能收买的，就多加礼物收买；不能收买的，就用利剑刺杀。同时，离间诸侯国君臣的关系，然后再派良将攻打。在李斯的谋划下，秦国的版图不断扩大，秦王就拜李斯为客卿。

秦王在一次偶然的机会见到了韩非的论文，他大为赞赏，说："哎呀！我要能见到这个人并和他交往，就是死也不算遗憾了。"

秦始皇在宫中见到了韩非，然而历史记载："秦王悦之，未信用。"很显然，战国时代，教育不甚普及，文字还只是一种辅助式的游说工具。基于种种限制，那时最重要的游说工具，当然还是实际面对对方，以语言加上表情、气氛所产生的效果具有较大的说服力。所以秦王看到韩非的文章和他的治国理念及政治实践时产生了巨大的共鸣，就有了"同声相应，同气相求”的倾慕之心。可惜韩非到来后，因为口吃，并不能自如地和秦王交谈。这就使秦王的倾慕转为失望，这种落差之大，使得秦王产生了极大的抵触情绪。

韩非自知游说或向人进言并非易事（曾写过《说难》），所以潜心研究游说或向人进言的道理与学问。然而到了秦国游说秦王，并没有逞其才、展其术而为秦王所用。

李斯，这个信奉老鼠哲学的人，开始紧张不安了。因为他和韩非同窗学习数载，他深知韩非的学问功底；他和秦王嬴政也君臣数载，深知嬴政的聪明和治国大略。他清楚地知道，嬴政早晚会发现韩非这颗夜明珠。他局促不安，为此绞尽脑汁。

机会终于来了。他看到韩非写有《存韩》篇，于是和姚贾一起上奏秦王：“韩非是韩国有王室血统的贵公子。现在大王您想吞并诸侯，如果重用韩非，他最终会一心保全韩国而不顾秦国利益，这是人之常情啊！您现在不用他，让他长久地待在秦国，等他回到韩国，他对秦国情况已经摸得一清二楚，这不是给自己留下祸患吗？不如找一个借口，杀了他！”秦王嬴政刚刚从郑国渠一案的怒气中解脱出来，这些话切中要害，于是准奏，下令给韩非治罪。韩非入狱后，李斯生怕夜长梦多，派人给韩非下毒，是夜，韩非暴死于狱中！

纵观韩非曲折而艰难的人生，我们不禁扼腕叹息。韩非的死在很大程度上是对他的同学李斯没有保持戒心，他以为现在的李斯还是同学时代与他推心置腹的李斯。在同学时期，双方没有利害关系，和和睦睦相处。但到了秦国，韩非一旦得到秦王重用，就可能取代李斯的位置，这会让他无法做“仓中鼠”了，在韩非将要侵害他的利益时，李斯是绝不会讲同学情分的。而韩非虽然学术上精通，却没有观察到李斯的变化，直到临死前，还以为李斯会为他洗清冤屈。

这个故事给我们的启示是，人必须时时对合作者保持戒心，哪怕最好的朋友也可能在关键时刻背叛你。我们在与人合作时，要时时观察外部环境及同伴的心理变化，不要一味地相信同伴。

虚晃一枪，信号发出的策略

不完全信息导致的复杂性在信号博弈中表现得最为明显，信号博弈也是不完全信息动态博弈的经典模型，它是两个博弈方之间进行的非完全信息动态博弈。

一、干扰信号的作用

干扰信号是为了干扰对方，让对方做出错误的判断。三国时期，诸葛亮为了让曹操走华容道，故意在大道上放起了烟火，迷惑曹操，让他认为大道上有伏兵，从而把曹操引入了华容道。干扰信号用得好，可以起到迷惑对手的作用，但用得不好，反而会把自己的一些信息透露出去，这在市场竞争中表现得尤为突出。

假设潜在的竞争对手要在我方市场内的几家商店里试销产品，这些试销的结果会为竞争对手提供该不该进入我方市场的信号。你什么时候应该干扰这种对市场的测试？如果你可以暗中做些“手脚”，略施小计导致对手试销失败，那么，你就可以在竞争中占上风。但是，如果你“做手脚”被对手发现，情况又会怎样呢？

例如，干扰对手对市场测试的唯一办法就是在他卖产品的地方，大幅度调整你产品的售价。只要随机调整你的售价，你就可以阻止对手从试销中取得任何有价值的信息。但在发出干扰信号前，你必须先判断对手在没有任何信息的情况下会怎么做。也许他已有 90% 的可能性进入市场，而试销只是为了确认自己没有误判形势而已。在这种情况下，进行明显的信号干扰只能让对手更加确定要进入市场。如果竞争对手几乎已经确定自己不会进入，试销只是为了试探你是不是比他想象的要弱，情况又会变得如何呢？如果他几乎确定自己不会参与竞争，你也不让他取得任何新信息，此时他会远离你的市场吗？很不幸的是，如是你以大动作干扰对手试销，他必定会得到宝贵的信息。他会认为，你是因为很怕他才故意干扰他。对手可能会把你干扰信号的行为解释为你很怯懦，并因此而坚定地进入市场。

当你的对手希望得到多方面的信号时，发出干扰信号最有用。先假定你的竞争对手有很多种不同的产品可以卖，但他不确定要在你的市场上卖哪一种。在花了巨大成本的情况下，他制作了好几种样品，并把每种样品拿到不同的店里去卖。如果此时你进行信号干扰，例如，分别在不同的地方大幅降价和涨价，你就会使对手很难制订出进攻策略，因为他不知道哪种样品可能会在你的市场上畅销。当对手只有进入或不进入这两种选择时，你就会很难发出明显的干扰信号，因为这种干扰等于在告诉他，他应该进入市场。如果对手的决定是多元的，那么发出干扰就会很有效，因为它虽然会透露出你的忧虑，但也会使对手判断不出该怎样与你竞争才好。

二、压力下方能露出人的真面目

人在平常时，展现的都不是自己最真实的一面，他往往会把自己的内在情感藏得很深，特别在遇见陌生人或别人要对他进行考核时，这种表现尤为突出。那么如何让人展现出自己真实的一面呢？给他一定的压力，只有在压力之下，他才会情不自禁地露出自己的“本来面目”。

阿喀琉斯是希腊最伟大的“战神”，有一个预言，没有阿喀琉斯参战，特洛伊是攻不破的。阿喀琉斯的母亲忒提斯女神知道儿子会死于特洛伊战争，就给儿子穿上女孩的衣服，把他送到斯库洛斯岛，交给国王吕科墨得斯。吕科墨得斯见他是个女孩，便让他跟自己的女儿们一起生活、玩耍。后来，当他的下巴上长出毛茸茸的胡子时，他向国王的女儿得伊达弥亚说出了自己男扮女装的秘密。两人于是萌发了爱情。岛上的居民还以为他是国王的一个女眷，实际上他已悄悄地成为得伊达弥亚的丈夫了。

当特洛伊进行远征动员时，预言家卡尔卡斯透露了阿喀琉斯的住处。于是希腊人派奥德修斯和狄俄墨得斯去动员他参战。两位英雄到了斯库洛斯岛，见到国王和他的一群女儿。可是，无论两位英雄眼力如何敏锐，仍然认不出哪个是穿着女装的阿喀琉斯。奥德修斯心生一计，他叫人拿来一箱珠宝，箱底藏了一把宝剑，放在姑娘们聚集的屋子里。当姑娘们挑选珠宝时，他命令随从吹起战斗的号角，好像敌人已经冲进宫殿一般。姑娘们大惊失色，逃出了屋子。只有阿喀琉斯依然留下，本能地操起箱子里的宝剑。这下他便暴露了自己的身份，只得同意参加希腊人的远征。

奥德修斯通过给阿喀琉斯施加压力，让他露出了马脚。因为，奥德修斯知道，当阿喀琉斯遇到压力时，他就会停止伪装并显出军人的本色。这种招数的实际用途很广，比如面试人员向应聘者提出非常尖锐的问题，以观察他是否有应对压力的能力，或者经理会问员工，谁愿意多花时间接受新项目，如果有员工只顾着讨好上司而没有做过多的考虑，可能就会自愿接受新项目，而浑然不觉自己透露了什么信息。这些例子的重点在于，当人必须进行瞬间反应时，可能会露出马脚。如果有供应商一直向你出售低质量商品，你就可以使出这个出其不意的招数。你可以在开会时告诉供应商，鉴于下一批商品非常重要，绝不能有任何瑕疵，如果它能做到这一点，你就会付它双倍的价钱。如果供应商不是太机警，它可能会照办不误，这样你将考验它真正的实力。

三、让对手害怕的信号

当羚羊看见猎豹时，因为害怕被吃掉会试图逃跑，不过，一些有经验的羚羊见到猎豹时，反而会经常地在空中跳起50厘米高。这种行为的解释是，羚羊想让猎豹知道，它能轻易地逃出猎豹的追逐。羚羊就通过这种跳跃动作使它与其他不灵敏的动物产生了区别，这作为一种信号告诉猎豹，它不应该浪费体力来捕杀自己了，还是找一些容易捕杀的猎物吧。猎豹虽然无法直接看出潜在猎物的体能，但它可以观察猎物的表现。假设猎豹没有机会抓到可以使出这一绝招的羚羊，不去追跳跃的羚羊对猎豹来说就是“理性”的做法。而如果羚羊在跳跃时所花的体力比逃跑时更少，那么发展跳跃能力在进化上就是很明智的选择。

“北杏会盟”是春秋史上的一个典故，它不仅是春秋时期由诸侯代表天子主持的会盟，也是齐桓公在自己称霸之路上迈出的第一步。期间还闹出一件戏剧性的事情。盟会的主角鲁国中途逃脱了，齐桓公面对这样的尴尬场面大发雷霆，发了一通火之后，听到管仲的话，也感觉生气发怒于事无补，心中的理想若是不能实现，只能终身痛苦。于是，从长勺战役后，他首次冷静地思考，询问管仲：“如何讨伐鲁国？”

鲁国并不是可以用强大的武力解决的小国，齐国和鲁国的军事实力相当，虽然齐国现在可能略胜一筹，但以往对鲁国的战绩是二胜一负，齐桓公因此担忧地发问。管仲说从军事实力来看，齐国的确未必能打赢鲁国，而日鲁国人才比较多，又知礼仪，一旦国难，全国百姓必将奋起抵抗。

管仲想警告一下鲁国。鲁国北部的一个小国，叫“遂”，离鲁国国都比较近，属于鲁国的附属国。何为附属国？就是受大国监管，但完全具有独立的政治权力，只是因为国家太小，后来这样的国家逐渐就被管制、吞并了。

古语有云：杀鸡给猴看。这只“鸡”就是遂，但是杀鸡的真正意图是去责备这只不听话的“猴子”，如果再不听话，鸡的下场就是它的下场。齐桓公就装模作样地率着大军，打着一面招摇的大黄旗，威风凛凛地立在了鲁国东北面的边境上，没有发起任何攻击，就好像武林盟主带着人、举着旗到达要讨伐的邪教门前，也不说我是来讨伐的，就是驻扎在那里。

鲁国望着齐国的大军不进也不退，一声不吭地驻扎着，也不知道是不是来进攻的，虽然早做好了防备，但处境还是有点尴尬。人家不说是不是来攻打你的，就不好出击，出击了，人家反咬一口说你侵略，那就是糊里糊涂地吃了亏。所以，鲁庄公和他的谋士们都很别扭，猜测多半是因为没有参加盟会。鲁庄公也听到各国传来的一些消息，齐桓公要讨伐这些不来参加会议的国家。

管仲让军队在鲁境上驻扎了几天，鲁国也憋了几天。这天晚上，管仲把王子成父叫来，让他连夜带一些精干的人马潜到北边的遂国，清早就把它打下来，先打下来，再宣布它的罪行，“盟会不至，藐视王命”，来一个措手不及。成父连夜带领军队北上，这个遂国实在太小了，相当于齐国的一个镇，这么丁点大的国家，还没来得及防备，就在次日早晨被拿下了。

《左传》庄公十三年传：“遂人不至。夏，齐人灭遂而戍之。”一得到在遂国战场上胜利的消息，管仲就把晚上写好的讨伐书派人立刻送往鲁国。鲁庄公刚起来不久，吃了早饭，和大臣们在议论齐国驻兵不进的事情，就听到传报说遂国在今天早上天刚亮的时候被齐国攻打了下来，罪名是“盟会不至，藐视王命”。鲁庄公叹了一口气，齐国屯兵在自己边境是为了迷惑他，使他不能救这个附属国。北边附属国被灭，鲁国朝野震惊万分，遂国一些百姓逃到鲁国。

与此同时，齐国使者送上了讨伐书，书上指出了鲁庄公不来参加盟会，不吭一声，是辱没王命，特来讨罪，大致和遂国的罪名一样。只是管仲在最后给鲁庄公留了个台阶下，这么写：“寡人敢请其故？若有二心，亦惟命。”就是说，是不是有别的什么原因不来啊？这个台阶也是管仲设的套，就等对方说我是有原因，这样就等于对方妥协臣服。鲁庄公被迫走了这个台阶，以妥协来避免自己国家遭受战争。

齐桓公通过灭了遂，警示了鲁国，不战就使鲁国臣服了。你也可以用这种策略来吓唬潜在的竞争对手。假设你是你们城市里唯一卖雪地防滑轮胎的公司，但另一家公司也想卖雪地防滑轮胎。你也知道你的顾客几乎没人会换牌子，也很肯定对手竞争不过你，不幸的是，你并不能让对手相信“他注定会失败”。即使一个很弱的对手参与竞争，也会增加你的成本，所以你希望有一种策略可以把竞争对手很快地逼出市场。

在正常的情况下，当你遇到新的竞争对手时，最好多打一点广告，以免顾客跑掉。如果你在对手进入市场时把所有的广告抽掉，情况会变成怎样？如果你的对手有任何长期存在的机会，这种“不做广告”的策略的后果是灾难性的。可是，如果你很肯定，就算你不做广告，也没有人会买竞争对手的雪地防滑轮胎，那么你确实可以停止做广告。你的对手会发现，如果连你那么不认真的时候他都打不赢你，那么等你重新打广告时，他会毫无获胜的希望。连广告都不做就能收到成效和齐国灭遂是一样的道理，这么优异的表现足以吓退可能的竞争者。

第五章 蜈蚣博弈的悖论

如果打人能给你带来快乐，你会选择打人吗？很多人会说不会。正如他们所说，假如我今天打了或欺负了某人，他日后可能会报复，这种担心报复的心理部分抵消了人们从打人中获得的快乐。这个答案至少表明，你不打人不是因为你不想打人，或是因为道德方面的原因，而是考虑到了日后可能会给你带来麻烦。同样，在博弈对局中，我们现在的决策也很大程度上取决于对未来事态发展的预测。

什么是蜈蚣博弈的悖论

下棋的时候，我们要走一步棋，都要先对未来几步做一下预测，然后再确定这一步走哪个位置。在人生中，也是如此，我们在尝试做一件事情的时候，都会对结果进行分析预测，然后根据可能的情况做出合理的选择。这种博弈方法就叫作倒推法。

倒推法又叫蜈蚣博弈，是由罗森塞尔在 1981 年提出的一个动态博弈问题。它是这样一个博弈：两个参与者 A、B 轮流进行策略选择，可供选择的策略有“合作”和“背叛”（“不合作”）两种。假定 A 先选，然后是 B，接着是 A，如此交替进行。A、B 之间的博弈次数为有限次，比如 100 次。假定这个博弈各自的设定如下：

合作　合作　合作　合作

ABA……AB（100，100）

背叛　背叛　背叛　背叛

（1，1）（0，3）（2，2）（99，99）（98，101）

现在的问题是：A、B 是如何进行策略选择的？

这个博弈因形状像一只蜈蚣，而被命名为蜈蚣博弈。

这个博弈的奇特之处在于：当 A 决策时，他考虑博弈的最后一步即第 100 步；B 在“合作”和“背叛”之间做出选择时，因“合作”给 B 带来 100 的收益，而“不合作”带来 101 的收益，根据理性人的假定，B 会选择“背叛”。但是，要经过第 99 步才到第 100 步，在第 99 步，A 考虑到 B 在第 100 步时会选择“背叛”——此时 A 的收益是 98，小于 B 合作时的 100，那么在第 99 步时，他的最优策略是“背叛”——因为“背叛”的收益 99 大于“合作”的收益 98……如此推论下去，最后的结论是：在第一步 A 将选择“不合作”，此时各自的收益为 1，远远小于大家都采取“合作”策略时的收益：A：100，B：100–99。

根据倒推法，结果是令人悲伤的。从逻辑推理来看，倒推法是严密的，但结论是违反直觉的。直觉告诉我们，一开始就采取不合作的策略获取的收益只能为 1，而采取合作性策略有可能获取的收益为 100。当然，A 一开始采取合作性策略的收益有可能为 0，但 1 或者 0 与 100 相比实在是太小了。直觉告诉我们采取合作策略是好的。而从逻辑的角度看，一开始 A 应采取不合作的策略。我们不禁要问：是倒推法错了，还是直觉错了？

蜈蚣博弈是动态博弈，参与者在决定采用什么策略时，一个常用方法是反向逆推或者反向归纳法，也常称为倒推法，从最后一步往前推理。

这就是蜈蚣博弈的悖论。

对于蜈蚣悖论，许多博弈专家都在寻求它的解答。在西方有研究博弈论的专家做过实验，通过实验验证集体的交互行为已具普遍性。实验发现，受试者不会出现一开始选择“不合作”策略而双方获得收益 1 的情况。双方会自动选择合作性策略，从而走向合作。这种做法违反倒推法，但实际上双方这样做，要好于一开始 A 就采取不合作的策略。

倒推法似乎是不正确的。然而，我们会发现，即使双方一开始能走向合作，即双方均采取合作策略，这种合作也不会坚持到最后一步。理性的人出于自身利益的考虑，肯定在某一步采取不合作策略。倒推法肯定会在某一步起作用。只要倒推法在起作用，合作便不能进行下去。

这个悖论在现实中的对应情形是，参与者不会在开始时确定他的策略为“不合作”，但他难以确定应在何处采取“不合作”策略。

蜈蚣博弈的应用

蜈蚣博弈是一种特殊动态博弈，虽然限制条件严格，类似思想实验，如果理解其博弈逻辑，有助于我们在现实中进行博弈。

一、最后通牒下的蜈蚣博弈

有这样一个故事：

两人分一笔总量固定的钱，比如说 100 元。方法是：一人提出方案，另外一人表决。如果表决的人同意，那么就按提出的方案来分；如果不同意的话，两人将一无所得。比如 A 提出方案，B 表决。如果 A 提出的方案是 70：30，即 A 得 70 元，B 得 30 元。如果 B 接受，则 A 得 70 元，B 得 30 元；如果 B 不同意，则两人将什么都得不到。

A 提方案时要猜测 B 的反应，A 会这样想：根据理性人的假定，A 无论提出什么方案给 B——除了将 100 元全部留给自己而一点不给 B 留这样极端的情况，B 只有接受，因为 B 接受了还有所得，而不接受将一无所得——当然此时 A 也将一无所得。此时理性的 A 的方案可以是：留给 B 一点点，比如 1 分钱，而将 99.99 元归为己有，即方案是：99.99：0.01。B 接受了还会有 0.01 元，而不接受，将什么也没有。

这是根据理性人的假定推出的结果，而实际则不是这个结果。英国博弈论专家宾莫做了实验，发现提方案者倾向于提 50：50，而接受者会倾向于：如果给他的少于 30%，他将拒绝；多于 30%，则不拒绝。

理论的假定与实际不符的另外一个例子是“彩票问题”。

我们说理性的人是使自己的效益最大，如果在信息不完全的情况下则是使自己的期望效益最大。但是这难以解释现实中人们购买彩票的现象。

人们愿意掏少量的钱去买彩票，如买福利彩票、体育彩票等，以博取高额的回报。在这样的过程中，人们的选择理性发挥不出来，而唯有靠运气。在这个博弈中，人们要在购买彩票，还是不买彩票之间进行选择，根据理性人的假定，选择不买彩票是理性的，而选择买彩票是不理性的。

彩票的命中率低，并且命中率与命中所得相乘肯定低于购买的付出，因为彩票的发行者早已计算过了，他们通过发行彩票获得高额回报，他们肯定是赢家。在这样的博弈中，彩票购买者是不理性的：他未使自己的期望效益最大。但在社会上有各种各样的彩票存在，也有大量的人来购买。可见，理性人的假定是不符合实际情况的。

当然我们可以给出这样一个解释：现实中人的理性往往用在不符合实际情况的“高效用”问题上，而在“低效用”问题上，理性往往失去作用，对于人来说，存在着“低效用区的决策陷阱”。在购买彩票的问题上，付出少量的金钱给购买者带来的损失不大，损失的效用几乎为零，而所能命中的期望也几乎是零，这时候，影响人抉择的是非理性的因素。比如，考虑到如果自己运气好，就可以获得高回报，这样可以给自己带来更大的效用，等等。彩票发行者正是利用人存在着“低效用区的决策陷阱”来保证己方获利。

二、古代官场上的蜈蚣博弈

在我国古代，有些官员虽然不知道蜈蚣博弈这个概念，却能运用得非常精妙，请看下面这则故事。

清朝有个叫张集馨的官员，曾任陕西粮道一职。张集馨的前任叫方用仪，为人贪婪，卸任前他的子侄和家人在大雁塔下的市场上买了四千石麦壳掺入库仓。这是一笔很大的数目，如果用这批麦壳替换出小麦卖掉，用载重量三吨的车运，大概要装一百车。按理说，规模大了便难以掩人耳目，作弊也就不容易得逞——后任不肯替前任背这么大的黑锅，听到风声后通常会拒绝签字接手。但是与方用仪办理交接手续的不是张集馨本人，而是代理督粮道刘源灏。代理督粮道认为这是个发财的机会，如果与方用仪办交接手续的时候拒绝签字，显然会失去这个好机会，于是他签了字，方用仪便得逞了。方用仪之所以敢如此作弊，正因为他算透了刘源灏的心思。当时有一个流行的比喻，叫作“署事如打抢”。署事就是代理的意思，连打带抢则是标准的短期行为特征。这个比喻所描绘的现象可以叫“署事潜规则”。

张集馨到任后方知此事，便拒绝从刘源灏那里接手签字。刘源灏苦苦劝说，说仓粮肯定没有亏损短缺的问题，再说方用仪已经回了江西老家，还能上奏皇帝将他调回来处理此事吗？细品刘源灏说服张集馨的理由，其中包含了一个暗示：如果漏洞确实就这么几千两银子，为了等待方用仪回来重办交接，公文往来加上路途上花费的时间恐怕需要好几个月，张集馨因等待而蒙受的物质损失恐怕还要超过这几千两银子。如果再算上得罪人的损失，算上在官场中不肯通融的名誉损失呢，换句话说，等待公事公办的代价太大，不值得，还是认账更合算。张集馨果然被说服了，认了账。由此反推回去，方用仪离任前决定掺一百车麦壳，而不是五十车，也不是二百车，这分寸实在拿捏到位。

这个故事说明，有些人确实是博弈高手。方用仪之所以离任前决定掺一百车麦壳，是因为他早已算好张集馨为追查此案需要付出的成本。在数量为一百车的情况下，张集馨要追究此事则得不偿失，只好放弃；既然张集馨会放弃，那么刘源灏就会签字；既然刘源灏会签字，那他也可以借此多为自己弄点好处。

第六章

谁是小智猪：智猪博弈中的利益分配

当一种奖罚机制是以团队的成功作为衡量标准时，智猪博弈就出现了。总有些人为了表现，而不自觉地充当“大猪”的角色，也有些人在得过且过中谋求自身效用的最大化。要想避免智猪博弈的出现，必须要在制度设计及产权界定方面下功夫。

什么是智猪博弈

猪圈里有大小两头猪，在同一个食槽里进食。假设它们都是有着认识并想实现自身利益的充分理性的“智猪”。猪圈两头距离很远，一头安装了一个控制饲料供应的踏板，另一头是饲料的出口和食槽。猪每踩一下踏板，另一头就会有 10 份饲料进槽，但是踩踏板和跑到食槽所需要付出的“劳动”，加起来要消耗相当于 2 份饲料的能量。

两头猪可以选择的策略有两个：自己去踩踏板或等待另一头猪去踩踏板。如果某一头猪做出自己去踩踏板的选择，不仅要付出劳动，消耗自己 2 份饲料的能量，而且由于踏板远离饲料，它将比另一头猪后到食槽边，从而减少吃到饲料的数量。我们假定：若大猪先到(即小猪踩踏板)，大猪将吃到 9 份饲料，小猪只能吃到 1 份饲料，最后双方得益为 [9，-1]；若小猪先到(即大猪踩踏板)，大猪和小猪将分别吃到 6 份和 4 份饲料，最后双方得益为 [4，4]；若两头猪同时踩踏板，同时跑向食槽，大猪吃到 7 份饲料，小猪吃到 3 份饲料，即双方得益为 [5，1]；若两头猪都选择等待，那就都吃不到饲料，即双方得益均为 0。

智猪博弈的收益矩阵可以用图 6-1 来表示。图中的数字表示不同选择下每头猪所能吃到的饲料数量减去踩踏板的成本之后的净收益水平。

这个博弈的均衡解是大猪选择踩踏板，而小猪选择等待，这时，大猪和小猪的净收益平均为 4 个单位。这是一个“多劳不多得，少劳不少得”的均衡结果。

		小猪	
		踩踏板	不踩踏板
大猪	踩踏板	5，1	4，4
	不踩踏板	9，-1	0，0

图6-1　智猪博弈收益矩阵

智猪博弈与囚徒困境的不同之处在于：囚徒困境中的犯罪嫌疑人都有自己的严格优势策略，而在智猪博弈中，只有小猪有严格优势策略，而大猪没有。

在一场博弈中，如果每个人都有严格优势策略，那么严格优势策略均衡是合乎逻辑的。但是在绝大多数博弈中，这种严格优势策略均衡并不存在，而只存在重复剔除的优势策略均衡。所以，智猪博弈听起来似乎有些滑稽，它却是一个根据优势策略的逻辑找出均衡的博弈模型。

你是职场中的小智猪吗

智猪博弈这一经典案例早已应用于生活中的各个方面。在当今的职场中，经常会有类似的事情发生。在办公室里的人际关系中，有一些人会成为不劳而获的“小猪”，而另一些人充当了费力不讨好的“大猪”。

因此，办公室里就会出现这样的场景：有人做“小猪”，舒舒服服地躺着偷懒；有人做“大猪”，疲于奔命，费力却讨不到好。但不管怎么样，“小猪”笃信一件事：大家是一个团队，就是有责罚，也是落在整个团队身上的，所以总会有“大猪”跳出来辛勤地完成任务。

王强可以说是智猪博弈中“大猪”的一个典范。每当他下班回家，做的第一件事就是打电话，他每次打电话都是向朋友大吐苦水：“我要疯掉了！把所有的工作都让我一个人来做，难道把我当成机器人了？”王强在一家公司的发展部工作，每天都是这项工作还没做完，就有另外几项工作等着他去做，整天都没有喘息的机会。公司规模小，作为公司的一个重要部门，发展部只有3个人。而且这3个人还分了3个等级：部门经理、经理助理、普通干事。很不幸，而王强正好是经理助理，处于中间的一个级别。

王强总是抱怨说，经理的任务就是发号施令，他是管理层嘛！上面交给他的工作，他一句话就打发掉了：“王强，把这件事办一办！”可是王强接到活之后，却不能对下属阿冰也潇洒地来一句：“你去办一办！”一来阿冰比王强年长，又是经理的“老兵”；二来阿冰学历低，能力有限，怎么放心把事情交给他呢？王强只能无奈地叹息，自己1个人被当作3个人用，加班加点完成上级指派的任务。更让他想不到的是，由于事事都是他出面，其他部门的同事渐渐认准了：只要找发展部办事，就找王强！甚至老总都不再向经理指派任务，往往直接就把文件扔到王强的桌子上。王强的办公桌上的文件越堆越高自不必说，而且，连阿冰都开始给他派活了。这天，阿冰把一叠发票放在他面前说：“你帮我去财务报一下。”王强顿时被噎得说不出话来，过了半晌才问：“你自己为什么不去？”阿冰嗫嚅了一下答道：“我和财务不熟，还是你去比较好嘛！”尽管心中怒火万丈，但碍于同事情面，王强最终还是走了这一趟。

因此，部门就形成这样的局面：一上班，王强就像陀螺一样转个不停；经理则躲在办公室里打电话，还美其名曰“联系客户”。而阿冰呢，玩纸牌游戏，顺便上网跟老婆谈情说爱，好不逍遥。到了年终，由于部门业绩出色，上级奖励了4万元，经理独得2万元，王强和阿冰各得1万元。想想自己辛劳整年，却和不劳而获的人所得一样，王强满心不平，但是自己又能怎样呢？如果他也不做事了，不仅连这1万元也得不到，说不定还会下岗，想来想去，只有继续当“大猪”了！

刘力在一家国企工作，他是个“聪明”人，他这样为自己下了断语：“从大学开始，我就不是最引人注目的学生。在学生会里，我从不出风头，只是帮最能干的同学做些辅助性的工作。如果工作搞得好，受表扬少不了我；万一工作搞砸了，对不起，跟我一点关系也没有。”刘力工作已经3年了，照样奉行着这样的处世哲学。“我就纳闷，怎么会有那么多人下了班嚷嚷着自己累？要是又累又没加薪、升职，那只能说明自己笨！我从小职员当上经理，一直轻轻松松的，反正硬骨头自有人啃。”

有一个朋友问他：“你这样，同事不会有意见吗？”

刘力眨眨眼睛，一脸神秘地说：“这就是秘诀了！你怎么能保证总有人肯拉你一把？平时要进行感情投资，跟同事搞好关系，让他们觉得你们是哥们，关键时刻就会出于义气帮你。有些人就是爱表现，那就给他们表现的机会，反正出了事，由他们顶着。万一碰上不爱表现的人，看不惯我，我会告诉他，我不是不想做，我是做不来呀！你想开掉我？对不起，我的朋友多，他们都会为我说话。”在职场中，刘力就是那种所谓的“小猪”。

做“大猪”还是“小猪”？

看来看去，做“大猪”固然辛苦，但“小猪”其实也并不轻松啊！虽然工作可以偷懒，但私下里，要花费更多的精力去编织、维护关系网，否则在公司的地位便会岌岌可危。王强为什么会忍气吞声？不就是因为阿冰是经理的老部下嘛。刘力又为什么有恃无恐？无非是有人为他撑腰。难怪有人说做“小猪”的都是聪明人，不聪明怎么能左右逢源？

的确，“大猪”加班，“小猪”拿加班费，这种情况在企业里比比皆是。因为我们什么都缺，就是不缺人，所以每次不论多大的事情，加班的人总是越多越好。本来一个人就可以做完的事，总会安排两个甚至更多的人做。“三个和尚没水喝”的现象在这里就出现了。如果大家都耗在那里，谁也不动，结果是工作完不成，挨老板骂。这些常年在一起工作多年的战友们，对对方的行事规则都了如指掌。“大猪”知道“小猪”一直是过着不劳而获的生活，而“小猪”也知道“大猪”总是碍于面子或责任心使然，不会坐而待之。因此，其结果就是总会有一些“大猪”过意不去，主动去完成任务，而小猪则在一边逍遥自在——“反正完成了，奖金一样拿”。

但这种行为并不值得提倡。工作说到底还是凭本事、靠实力的，靠人缘关系也许能风光一时，但也是脆弱的，经不住时间考验。“小猪”什么力都不出反而被提升了，看似混得很好，其实心里大多会发虚：万一哪天露了馅……如果从事的不是团队合作性质的工作，而是侧重独立工作的职业，又该怎么办？还能心安理得地当“小猪”吗？

在职场中，“大猪”付出了很多，却没有得到应有的回报；“小猪”虽然可以投机取巧，但这并不是一种长远的计策。因此，身在竞争激烈的职场中，一个最理想的做法就是，既要能做“大猪”，也要会做“小猪”。

从智猪博弈看社会中的搭便车现象

“智猪博弈”给了竞争中的弱者（小猪）以等待为最佳策略的启发。但是对于企业而言，“小猪搭便车”，未能参与充分竞争，此时公司的资源势必没有得到最佳配置。而企业要想在激烈的市场竞争中立于不败之地，就必须善于发掘人才优势，奖优罚劣，这样才能充分调动员工的积极性，提高企业的竞争力。

一、企业竞争中的智猪博弈

市场竞争机制作为市场经济实行优胜劣汰、优化资源配置的一种手段，起着特别的作用。但在一些行业，除了大中型的公司以外还同时存在着一些管理规范、运作良好的小公司。那么在两个企业实力存在差距又面临价格竞争时，小企业能否生存发展与它所选择的策略有着密不可分的关系。

我们都知道，“智猪博弈”的结果依赖于大猪的行为。如果小猪去踩踏板，大猪当然乐于等待在食槽旁吃掉 9 个单位的饲料。如果小猪等待，那么大猪将先去踩踏板再跑回来以获得相当于 4 个单位的饲料，这总比空着肚子等待要好。

对小猪来说，情况非常清楚，无论大猪如何行动，它最好等在食槽旁边。因此这个博弈的均衡结果就是：每次都是大猪去踩踏板，小猪先吃，大猪再赶来吃，只有这样大猪、小猪才可以共存。

实力悬殊的公司之间的价格竞争策略也是这个道理。在商业竞争中，如果公司是弱小的一方，则可以选择如下策略：

首先是等待，静观其变。允许市场上占主导地位的品牌开拓本行业所有产品的市场需求。将自己的品牌定位在较低的价格上，以享受主导品牌的强大广告所带来的市场机会。

其次是不要贪婪，妄图将“大猪”应得的那份也据为己有。只要主导品牌认为弱小公司不会对自己形成威胁，它就会不断创造市场需求。因此，公司可以将自己定位在一个不引起主导品牌兴趣的较小的细分市场，以限制自己对主导品牌的威胁。

如果公司是“智猪博弈”中的“大猪”，在行业市场中占主导地位，则可采取以下策略：

首先要接受小公司。作为主导品牌，加强广告宣传，创造和开拓所有产品的市场需求才是真正的利益所在。不要采取降价这种浪费资源的做法与小企业竞争，除非它对公司形成了真正的威胁。正是小企业采取的低价格阻止了新的潜在进入者。

其次对威胁的限制要清楚。如果小企业发展壮大到了对大企业构成威胁的程度，大企业就应该迅速做出进攻性的反应，并且让小企业清楚地知道它们在什么样的规模水平之下才是可以被容忍的，否则就会招致大企业强有力的回击。如果小企业知道对它们的限制，也就不会再有兴趣超越这种限制。

当然“大猪”“小猪”的共同生存是有条件的。这取决于占主导地位的公司如何看待这个较小的竞争对手对它的威胁程度。“智猪博弈”中“共同生存”的均衡结果只有在大猪的食物份额没有受到小猪严重威胁时才会出现。

20世纪70年代末80年代初，美国市场上小品牌的软饮料质量虽低，但价格很便宜，因此仍然能够占有一定的市场份额。可口可乐和百事可乐最初能够容忍这些软饮料的存在，因为它们所能造成的威胁是有限的。可没过多久，一家主要的软饮料供应商凭借着极低的定价和较高的质量，从一个仅有较低市场份额的地区品牌的“小猪”，成为一个拥有1/3市场份额、与两大可乐公司旗鼓相当的竞争者。这时，可口可乐和百事可乐通过降低价格这种进攻性的战略行动，抢占了该软饮料的市场份额。

总而言之，通过运用智猪博弈模型对两个规模与实力存在较大差距的竞争对手之间价格战的情况进行分析可以看到，竞争双方应对自己的地位和作用有一个清醒的认识。这一点非常重要。只有认清自己真正的利益所在，才能避免残酷的价格战的发生。两个地位相去甚远的对手，最终会达到和平的生存模式：共同生存，共同发展。

二、证券市场上的智猪博弈

金融证券市场是一个群体博弈的场所，其真实情况异常复杂。在证券交易中，其结果不仅依赖于单个参与者自身的策略和市场条件，也依赖其他人的选择及策略。

在智猪博弈的情景中，大猪是占据比较优势的，但是，由于小猪别无选择，大猪为了自己能吃到食物，不得不辛勤忙碌，反而让小猪搭了便车。这个博弈中的关键要素是猪圈的设计，即踩踏板的成本。

例如，当庄家在低位买入大量股票后，已经付出了相当多的资金和时间成本，如果不等价格上升就撤退，就只有接受亏损。所以，基于和大猪一样的贪吃本能，只要大势不是太糟糕，庄家一般都会抬高股价，以求实现手中股票的增值。这时的中小散户，就可以对该股追加资金，当一只聪明的“小猪”，而让“大猪”庄家抬高股价。当然，这种股票并不容易发现，所以当“小猪”所需要的条件，就是发现有这种情况存在的猪圈，并毫不犹豫地冲进去。这样，你就成为一只聪明的“小猪”。

从散户与庄家的策略选择上看，这种博弈结果是有参考价值的。例如，对股票的操作是需要成本的，事先、事中和事后的信息处理，都需要投入金钱与时间成本，如行业分析、企业调研、财务分析等。

一旦付出成本，机构投资者是不太甘心就此放弃的。而中小散户，不太可能事先支付这些高额成本，更没有资金控盘操作，因此只能采取“小猪”的等待策略。等到庄家主动出击时，散户就可以坐享其成了。

股市中，散户投资者与“小猪”的命运有相似之处，没有能力承担炒作成本，所以就应该充分利用资金灵活、成本低和不怕被套的优势，发现并选择那些机构投资者已经或可能坐庄的股票，等着“大猪”们为自己服务。

由此可以看到，散户和机构的博弈中，散户并不是总没有优势的，关键是找到有“大猪”的那个食槽，并等到对自己有利的游戏规则形成时再进入。不幸的是，在股市中，很多作为“小猪”的散户不知道采取等待策略，更不知道让“大猪”们去表现。在“大猪”们拉动股票价格后从中获取利润，才是“小猪”们的最佳选择。作为“小猪”，还要学会特立独行。行动前，不用也不需要从其他“小猪”那里得到肯定；行动时，认同且跟随你的“小猪”越多，你出错的可能性就越大。简单地说，就是不要从众，而是跟随“大猪”。

当然股市中的金融机构要比模型中的大猪聪明得多，并且不遵守游戏规则，他们不会甘心为小猪们踩踏板。事实上，他们往往会选择破坏这个博弈的规矩，甚至重新建立新规则。例如，他们可以把踏板放在食槽旁边，或者可以遥控，这样小猪们就失去了搭便车的机会。例如，金融机构和上市公司串通，散布虚假的利空消息，这就类似于踩踏板前骗小猪离开食槽，好让自己饱餐一顿。

当然金融市场中的很多“大猪”并不聪明，他们的表现欲过强，太喜欢主动地制造市场反应，而不只是对市场做出反应。短期来看，他们可以很容易地左右市场，操纵价格，做胆大妄为的造市者。

这些“大猪”们并不知道自己要小心谨慎、如履薄冰，他们不知道自己的力量不如想象的那样强大。自然而然地，每一年都会有一些高估自己的“大猪”倒下，幸存的“大猪”在经过优胜劣汰之后会变得更加强壮。不过，无论是多么强壮的“大猪”，只要过于自信或高估自己控制市场的能力，总会倒下。

俗话说“家家有本难念的经”。在股市中，“大猪”有“大猪”的难处，“小猪”有“小猪”的难处。不论“大猪”“小猪”，只要了解自身处境，采取相应的策略就会成功。然而理性是有限的，确定的成功总是很难获得的。

职场中如何避免出现“小智猪”现象

一般来说，员工都会以自身的利益最大化为目的，而不是以别人或公司的利益最大化为目的。所以，我们必须明确利益分配机制，让多劳者多得。

一、明确利益分配机制

从规则制定者的角度来看，智猪博弈是一个激励失效的典型案例。看完这个故事，几乎所有的管理者都会自然而然地提出这样一个问题：怎样才能激励小猪和大猪去抢着踩踏板呢？

事实上，能否尽可能杜绝“搭便车”现象，就要看游戏规则的核心指标设置是否合适。在智猪博弈的模型中，这种核心指标是：每次落下的食物数量和踏板与投食口之间的距离。如果改变一下核心指标，猪圈里还会出现同样的“小猪躺着大猪跑”的现象吗？

方案一：减量方案。投食为原来一半的分量。结果是小猪大猪都不去踩踏板了。小猪去踩，大猪将会把食物吃完；大猪去踩，小猪将也会把食物吃完。谁去踩踏板，就意味着为对方贡献食物，所以谁也不会有踩踏板的动力了。

方案二：增量方案。投食为原来一倍的分量。结果是小猪、大猪都会去踩踏板。谁想吃，谁就会去踩踏板。反正双方都能吃饱。小猪和大猪相当于生活在物质相对丰富的“共产主义”社会，竞争意识不强。

方案三：减量加移位方案。投食为原来一半的分量，但同时将投食口移到踏板附近。结果呢，小猪和大猪都在拼命地抢着踩踏板。等待者不得食，而多劳者多得。每次的收获刚好消费完。

同样，对于企业的经营管理者而言，采取不同的激励方案，对员工积极性调动的影响也是不一样的，并不是足够多的激励就能充分调动员工的积极性。在我们的一些改制案例中，企业由于原先改制过程中实施了职工全员持股的方案，结果如增量方案一样，人人有股不但没有起到相应的激励作用，反而形成了新的大锅饭。

正如“智猪博弈”变化方案，不同的方法会导致不同的结果，结果产出并不完全与投入成正比。对于增量方案，虽然能够保证大猪和小猪都会踩踏板，但是缺乏一定的积极性，而且成本较高；对于减量加移位方案，在移动投食口的基础上，采取低成本方案，反而取得了较好的效果，大猪和小猪都抢着踩踏板。

> 在博弈中，每一方都要想方设法攻击对方、保护自己，最终取得胜利；但同时，对方也是一个与你一样理性的人，他会这么做吗？这时就需要更高明的智慧。博弈其实是一种斗智的竞争。

同样的，企业在构建战略性激励体系过程中，也需要从目标出发，设计相应的合理方案：一，根据不同激励方式的特点，结合企业自身发展的要求，准确定位激励方案的目标和应起到的作用；二，根据激励方案的目标和应起到的作用，选择相关激励方式，并明确激励的对象范围和激励力度。

根据以往的经验，企业的激励最终会形成以下两种类型：

一是福利导向型。最终使员工产生归属感，使员工真正融入企业。由于其普及性的特征，因此投入与产出并不成正比，也就是说，较大数额的激励与较小数额的激励产生的效应可能相差不大。从这个角度而言，福利导向型与上述的增量方案类似，虽然能够调动大部分员工的积极性，但程度不高，且需要较多的成本。因此，福利导向型的激励更多趋于形式层面和精神层面，其主要目的在于创造一种和谐、舒适的氛围。

二是激励与约束导向型。赋予员工相应的权利和义务，真正调动员工的积极性，通过各种奖励方式让员工实现个人价值。激励与约束导向型的特点在于其针对性较强，投入与产出呈现同步增长趋势，也就是说，激励往往与员工业绩挂钩，从而起到对绩优员工奖励和对绩差员工鞭策的作用。从这个角度而言，激励与约束导向型与上述的减量加移位方案类似，通过合适的方法，以适当的成本获取较大的效应。因此，激励与约束导向型的激励更多趋于实质层面和物质层面，其主要目的是实现员工责任义务和获取利益的统一。

一个有效的战略性激励体系，将综合使用福利导向型和激励与约束导向型两种激励方式，令它们相互补充与完善，最终形成一种多方位、多层次的立体化结构。

总体说来，企业构建一个完整的战略性激励体系：首先要依据企业的发展战略目标，形成相应的激励指导思想；然后在此基础上选择合适的激励方式和方法，根据企业的特性，针对不同对象实现不同的激励。

二、清晰的产权界定

在市场竞争中，之所以会出现搭便车行为，很大程度上是因为产权界定得不清晰，要想让市场配置资源更有效率，必须加强对产权的界定，谁付出劳动(去踏踏板)，那么谁就受益(获得全部食物)，并且有一个第三方(比如法院)来强制实施这条法律，那么小猪“不劳而获”的动机就会得到抑制，并且也可以让它有动力去劳动。又如，要解决公司员工中的搭便车行为，那么最好的办法就是明确每个员工的工作职责和任务，并严格按照工作职责和任务对照考核，奖勤罚懒，使每个人都为自己的(懈怠)行为承担责任。

在智猪博弈中，人们常常同情大猪，并觉得小猪不劳而获是不道德的。但实际上，也许小猪才真正是应得到同情的。为什么呢？因为小猪付出劳动去踏踏板，可能会使它的劳动成果全部被大猪掠夺——所以，小猪搭大猪便车的结果，恰恰是缺乏产权界定下大猪的掠夺行为造成的（大猪自食其果）。如果小猪和大猪之间可以达成一个协议，比如大猪给小猪提出如下许诺：“你去踏踏板，我保证只吃 7 个单位的饲料，给你留下 3 个单位的饲料。”如果大猪确实会遵守许诺，那么小猪去踏而大猪不踏，小猪将得到 3 个单位的饲料，扣除劳动耗费的 2 个单位的饲料，实际上净赢利 1 个单位的饲料。大猪使用这样一个许诺后的博弈变为如图 6–2 所示的情景。

		小猪 踏	小猪 不踏
大猪	踏	6，0	4，4
大猪	不踏	7，1	0，0

图6–2　大猪许诺下的智猪博弈

图 6–2 所示的博弈将有两个“纳什均衡点”：大猪踏而小猪不踏，或者大猪不踏而小猪踏。最有可能产生的结果是，大猪和小猪轮流去踏。总是让大猪去踏，它也会觉得心里不平衡，而故意选择不踏。当大猪故意选择不踏的时候，小猪最好的做法是去踏。从中不难发现图 6–2 所示的博弈实际上还有一个混合策略均衡，就是大猪以 0.2 的概率选择踏，以 0.8 的概率选择不踏，小猪以 0.8 的概率选择踏，以 0.2 的概率选择不踏，也就是说，双方都不踏而互相等待对方去踏的概率并不太高，为 0.8×0.2=0.16，而大猪不踏小猪去踏的概率为 0.8×0.8=0.64。不过，大猪的许诺不一定可信。只要大猪以许诺骗得小猪去踏了踏板，大猪的许诺就会马上作废。因为大猪有能力在小猪赶回前吃光全部饲料。聪明的小猪也很清楚这一点，所以，除非大猪先送给小猪 3 个单位饲料，否则小猪就不会相信大猪，也不会去踏踏板。

若在智猪博弈中引入产权保护法律，也是一条可行的道路。法律对产权可以实施完全的保护，谁劳动谁得；也可以实施部分的保护 (比如规定凡去踏踏板的猪，至少会得到 3 个单位以上的食物)，这样可以抑制搭便车的行为。产权保护法律比大猪的私下许诺更高明的地方在于法律具有确切可信性，远胜于大猪的许诺 (尤其是廉价的口头许诺)。这个道理也肯定了法律在社会中的作用——尽管所有由法律来规定的问题也可以通过私下订立合约的方式来解决，但是法律比私下合约更具有实施上的效力和成本优势，这就是要在社会中建立起法律体制的重要原因之一。

第七章

『石头、剪子、布』：最精妙的博弈思维

“石头、剪子、布”这一风靡世界的简单游戏，正体现了博弈论的这种相互制约的关系，石头砸剪子、剪子裁布、布包石头，在这轻松的儿童游戏中却蕴含着最精妙的博弈思维。

混沌中的决策——酒吧博弈

美国著名的经济学专家阿瑟教授在1994年提出了少数人博弈这个理论。该理论模型是这样的：有100个人很喜欢泡酒吧。这些人在每个周末，都要决定是去酒吧活动还是待在家里休息。酒吧的容量是有限的，也就是说座位是有限的。如果去的人多了，去酒吧的人会感到不舒服。此时，他们留在家中比去酒吧更舒服。

假定酒吧的容量是60人，如果某人预测去酒吧的人数超过60人，他的决定是不去，反之则去。那么，这100人将如何做出去还是不去的决定呢?

阿瑟对这个博弈的前提条件做了如下限制：每一个参与者面临的信息只是以前去酒吧的人数，因此，他们只能根据以往的历史数据，归纳出此次行动的策略，没有其他的信息可供参考，他们之间更没有信息交流。这就是著名的“酒吧问题”，即少数人博弈。

“酒吧问题”所模拟的情况，非常接近于一个人下注时所面临的情景，例如股票选择、足球博彩。这个博弈的每个参与者，都面临着这样一个困惑：如果许多人预测去的人数超过60人，而决定不去，那么酒吧的人数会很少，这时候做出的预测就错了。反过来，如果有很大一部分人预测去的人数少于60人，他们因而去了酒吧，则去的人会很多，就超过了60人，此时他们的预测也错了。

因此，一个做出正确预测的人应该是，他能知道其他人如何做出预测。但是在这个问题中，每个人预测时掌握的信息都是一样的，即过去的历史，同时每个人无法知道别人如何做出预测，因此所谓正确的预测几乎不可能存在。

阿瑟教授通过真实的人群和计算机模拟两种实验得到了两个迥异的、有趣的结果。

在对真实人群的实验中，实验对象的预测呈有规律的波浪形态，实验的部分数据片段结果如下：

周期	N	N+1	N+2	N+3	N+4	N+5	N+6	N+7
人数	44	76	23	77	45	66	78	22

从上述结果看，虽然不同的博弈者采取了不同的策略，但是其中共同点是这些预测都是用归纳法进行的。我们完全可以把实验的结果看作现实中大多数理性人做出的选择。

在这个实验中，更多的博弈者是根据上一次其他人做出的选择而做出这一次的预测。然而，这个预测已经被实验证明在多数情况下是不正确的。那么，在这个层面上说明，这种预测是一个非线性的过程。

所谓非线性的过程是说，系统的未来情形对初始值有着强烈的敏感性，这就是人们常说的“蝴蝶效应”：在某地的一只蝴蝶动了一下翅膀，遥远的另一个地方就下了一场大暴雨。通过计算机的模拟实验，得出了另一个结果：起初，去酒吧的人数没有一个固定的规律，然而，经过一段时间后，这个系统中去与不去的人数之比接近于60：40，尽管每个人不会固定地属于去或不去的人群，但此系统的这个比例是不变的。如果把计算机模拟实验当作更为全面的、客观的情形来看，计算机模拟的结果说明的是更为一般的规律。

生活中有很多例子与这个模型的道理是一样的。股票买卖、交通拥挤及足球博彩等问题都是这个模型的延伸。这一类问题一般称为少数人博弈。例如，在股票市场上，每个股民都在猜测其他股民的行为而努力与大多数股民不同。如果多数股民处于卖股票的位置，而你处于买进的位置，股票价格低，你就是赢家；而当你处于少数的卖股票的位置，多数人想买股票，那么你持有的股票价格将上涨，你将获利。

在实际生活中，股民所采取的策略是多种多样的，他们完全根据以往的经验归纳出自己的策略。在这种情况下，股市博弈也可以用少数人博弈来解释。少数人博弈中还有一个特殊的结论，即记忆长度长的人未必一定具有优势。因为，如果确实有这样的方法，在股票市场上，人们利用计算机存储的大量的股票的历史数据就肯定能够赚到钱了。而这样一来，人们将争抢着去购买存储量大、速度快的计算机了。但这并不是一个炒股必赢的方法。

少数人博弈还可以应用于城市交通。现代城市规模越来越大，道路越来越多、越来越宽，交通却越来越拥挤。在这种情况下，司机选择行车路线就变成了一个复杂的少数人博弈问题。在这个过程中，司机的经验和司机个人的性格起到很关键的作用。有的司机因驾龄长经验丰富而更能避开塞车的路段；有的司机经验不足，往往不能有效地避开高峰路段；有的司机喜欢冒险，宁愿选择短距离的路线；而有的司机因为保守，宁愿选择较少堵车的较远的路线。最终，不同性格特点、不同经验的司机对路线的选择，决定了路线的拥挤程度。

一些专家指出，这个理论的提出，为解决日常生活中的交通拥挤等问题提供了一个新的思路和方法。

弱者的生存之道——枪手博弈

在一些博弈的场景中，常常因为复杂关系，导致出人意料的结果。我们都知道自然选择是优胜劣汰，但在枪手博弈中有“优未必胜，劣未必汰”这样一种情形。

一、枪手博弈的启示

枪手博弈说的是这样一个故事，彼此痛恨的甲、乙、丙三个枪手准备决斗。甲枪法最好，十发八中；乙枪法次之，十发六中；丙枪法最差，十发四中。先提第一个问题：如果三人同时开枪，并且每人只发一枪，第一轮枪战后，谁活下来的机会大一些？

一般人认为甲的枪法好，活下来的可能性大一些。但合乎逻辑的结论是，枪法最糟糕的丙活下来的概率最大。

我们来分析一下各个枪手的策略。枪手甲一定要先对枪手乙开枪。因为乙对甲的威胁要比丙对甲的威胁更大，甲应该首先干掉乙，这是甲的最佳策略。同样的道理，枪手乙的最佳策略是第一枪瞄准甲。乙一旦将甲干掉，乙和丙进行对决，乙胜算的概率自然大很多。枪手丙的最佳策略也是先对甲开枪。乙的枪法毕竟比甲差一些，丙先把甲干掉再与乙进行对决，丙的存活概率就会高一些。

我们计算一下三个枪手在上述情况下的存活概率：

甲：24%（被乙、丙合射 40% ×60% =24%）

乙：20%（被甲射 100% −80% =20%）

丙：100%（无人射丙）

通过概率分析，我们发现枪法最差的丙存活的概率最大，枪法好于丙的甲和乙的存活概率远低于丙的存活概率。

我们现在改变游戏规则，假定甲、乙、丙不是同时开枪，而是轮流开一枪。先假定开枪的顺序是甲、乙、丙，甲一枪将乙干掉后（80%的概率），就轮到丙开枪，丙有 40%的概率一枪将甲干掉。即使乙躲过甲的第一枪，轮到乙开枪，乙还是会瞄准枪法最好的甲开枪，即使乙这一枪干掉了甲，下一轮仍然是丙开枪。无论是甲或者乙先开枪，丙都有在下一轮先开枪的优势。

如果是丙先开枪，情况又如何呢？丙可以向甲先开枪，即使丙打不中甲，甲的最佳策略仍然是向乙开枪。但是，如果丙打中了甲，下一轮可就是乙开枪打丙了。因此，丙的最佳策略是胡乱开一枪，只要丙不打中甲或者乙，在下一轮射击中他就处于有利的形势。

我们通过这个例子，可以理解人们在博弈中能否获胜，不单纯取决于他们的实力，更重要的是取决于博弈方实力对比所形成的关系。

二、从三国争霸，看枪手博弈

三国时期的魏、蜀、吴可看作三个枪手，魏当时实力最强，可看作枪手甲，吴实力次之，可看作枪手乙，蜀实力最弱，可看作枪手丙。对于当时的蜀来说，他的最优选择是与吴联合，一起来对付魏。诸葛亮早就看到了这一点，他说，现在曹操已拥有了百万之师，道义上又挟天子以令诸侯，我们是不可能与他争锋的。而孙权据江东的险要地势，已经历了三世的治理，国家也很富有，老百姓又很团结，只可以与他们结盟而不可与他们为敌。于是，诸葛亮到了吴国，舌战群英，力劝孙权与刘备联盟。诸葛亮已意识到了，如果蜀、吴各自为政，只会被魏军各个击破，如果蜀与吴为敌，只会让魏坐收渔翁之利。

蜀国在这场战役中，充当好了枪手丙的角色，他朝天放了一枪，诱使吴与魏为敌。我们知道枪手博弈中，枪手乙是最想制甲于死地的，因为只要甲一死，枪手乙就为大了，他就可以在下一次射击中轻易制丙于死地。孙权是“暂时联盟”中最肯卖力的一方，所以孙权不仅在“火烧赤壁”中打败了曹操（这场战役基本是东吴的功劳），更在此后还长期担起对抗曹操的任务。反观刘备，他虽然在赤壁之战也出了一些力，但此后几年未与曹操打过大仗（也就是没有尽到联盟的义务）。倒是趁机扫荡地方势力，扩充地盘。

孙刘联军，以少胜多，大败曹军于赤壁后，促使了三国鼎立局面的形成。

到后来，刘备进一步扩充势力，直至占据两川，将曹操赶出汉中，又派关羽北伐，水淹七军，不但取代了孙权原来的老二地位，甚至有可能击败曹操，成为新的老大。孙权地位也跌至第三。

于是，孙权再也坐不住了，他趁关羽北伐后方空虚之机，与曹操合谋，夺取了荆州，杀死关羽，结果蜀汉联盟破裂，刘备兴兵报仇，又被孙权打败。由于两国联盟的破裂，两个弱者也只能被魏军各个击破。

合作中的双赢——猎鹿博弈

在原始社会，人们靠狩猎为生。为了使问题简单化，设想村庄里只有两个猎人，主要猎物也只有两种：鹿和兔子。如果两个猎人齐心合力，忠实地守着自己的岗位，他们就可以共同捕得一头鹿。要是两个猎人各自行动，仅凭一个人的力量，是无法捕到鹿的，却可以抓住 4 只兔子。从能够填饱肚子的角度来看：4 只兔子可以供一个人吃 4 天；1 只鹿如果被抓住将被两个猎人平分，可供每人吃 10 天。也就是说，对于两位猎人，他们的行为决策就成为这样的博弈形式：要么分别打兔子，每人得 4 个单位的利益；要么合作，每人得 10 个单位的利益（平分鹿之后的所得）。如果一个人去抓兔子，另一个去打鹿，则前者收益为 4 个单位，而后者只能一无所获，收益为 0。

在这个博弈中，根据“纳什均衡点”的定义，应用博弈论中的“严格劣势删除法”可以得到该博弈有两个“纳什均衡点”，那就是：要么分别打兔子，每人吃饱 4 天；要么合作，每人吃饱 10 天。

两个“纳什均衡点”就是两个可能的结局。两种结局到底哪一个最终发生，这无法用“纳什均衡点”本身来确定。比较 [10，10] 和 [4，4] 两个“纳什均衡点”，明显的事实是，两人一起去猎鹿比各自去抓兔子可以让每个人多吃 6 天。按照经济学的说法，合作猎鹿的“纳什均衡点”比分头打兔子的“纳什均衡点”，具有帕累托最优。与 [4，4] 相比，[10，10] 不仅有整体福利改进，而且每个人都得到了福利改进。换一种更加严密的说法就是，[10，10] 与 [4，4] 相比，其中一方收益增大，而其他各方的境况都不受损害。这就是 [10，10] 对于 [4，4] 具有帕累托最优的含义。

在经济学中，帕累托最优的准则是：经济的效率体现于配置社会资源以改善人们的境况，这主要看资源是否已经被充分利用。如果资源已经被充分利用，要想改善我的状况就必须损害你的利益，要想改善你的状况就必须损害另外某个人的利益。一句话，要想在资源被充分利用后改善，任何人都必须损害别人了，这时候就说一个经济已经实现了帕累托最优。相反，如果还可以在不损害别人的情况下改善任何人的情况，就认为经济资源尚未充分利用，就不能说已经达到帕累托最优。

目前，世界上很多企业的强强联合就很接近于猎鹿模型的帕累托最优。跨国汽车公司的联合、日本两大银行的联合等均属此例，这种强强联合造成的结果是资金雄厚、生产技术先进，在世界上的竞争地位更优越，发挥的影响更显赫。总之，他们将蛋糕做得更大，双方的效益也就越大。比如宝山钢铁公司与上海钢铁集团强强联合，最重要的就是把蛋糕做大。在宝钢与上钢的强强联合中，宝钢有着资金、效益、管理水平、规模等各方面的优势，上钢也有着生产技术与经验的优势。两个公司强强联合，充分发挥各方的优势，发掘更多、更大的潜力，形成一个更大、更有力的拳头，将蛋糕做得比原先两个蛋糕之和还要大。

关于猎鹿模型的讨论，我们的思路实际只停留在考虑整体效率最高这个角度，而没有考虑蛋糕做大之后的分配。猎鹿模型默认猎人双方平均分配猎物。我们不妨作这样一个假设，猎人 A 比猎人 B 狩猎的水平要略高一筹，但猎人 B 却是酋长之子，拥有较高的分配权。可以设想，猎人 A 与猎人 B 合作猎鹿之后不是两人平分成果，而是猎人 A 仅分到了够吃 2 天的鹿肉，猎人 B 却分到了够吃 18 天的鹿肉。在这种情况下，整体效率虽然提高，却不是帕累托最优，因为整体的改善反而伤害到猎人 A 的利益。我们假想，具有特权的猎人 B 会通过各种手段让猎人 A 乖乖就范。于是猎人 A 的狩猎热情遭到伤害，这必然会导致整体效率的下降。进一步推测，如果不是两个人进行狩猎，而是多人狩猎博弈，根据分配可以分成既得利益集团与弱势群体。

猎鹿博弈给我们的启示是，双赢的可能性是存在的，而且人们可以通过采取各种方法达成这一局面。但是，有一点需要注意，为了让大家共赢，各方首先要做好有所失的准备。在一艘将沉的船上，我们所要做的并不是将人一个接着一个地抛下船去，减轻船的重量，而是大家齐心协力地将漏洞堵上。因为谁都知道，前一种结果是最终大家都葬身海底。在全球化竞争的时代，共生共赢才是企业重要的生存策略。为了生存，博弈双方必须学会与对手共赢，把竞争变成一场双方都得益的“正和博弈”。

这个故事还告诉我们，双赢才是最佳的合作效果，合作是利益最大化的武器。许多时候，对手不仅仅只是对手，正如矛盾双方可以相互转化一样，对手也可以变为助手和盟友。如同国际关系一样，商海中也不存在永远的敌人。作为竞争的参与者，企业要分清自己所参与的是哪种博弈，并据此选择最适合自己的策略。

有对手才会有竞争，有竞争才会有发展，才能实现利益的最大化。如果对方的行动有可能使自己受到损失，应在保证基本得益的情况下尽量降低风险，与对方合作。

温和还是强硬——鹰鸽博弈

鹰鸽博弈，是由英国生物学家约翰·梅纳德·史密斯提出的，指的是鹰鸽竞合博弈模型。老鹰凶猛好斗，不知道妥协；鸽子温顺善良，爱好和平。哪个习性更适合生存？史密斯根据两类动物习性提出鹰鸽博弈理论。

一、鹰鸽博弈理论

在自然界中，鹰代表斗争中的强硬态度，注重实力；鸽代表了追求和平与注重道义。鹰更注重目前的利益，鸽更注重长远的利益。鹰派与鸽派之间的对立，更像我国儒家与法家的对立，儒家对敌国，更注重“远人不服，则修文德以来之”，从自身找原因，法家则注重武力征伐。当然，国内施行的政策也大相径庭。但它们最终还是为了求得自身的发展，只是方法与手段不同罢了。此一时，彼一时，不同的条件、不同的目标等因素使鹰派与鸽派各有自身存在的理由和发展的空间，对此我们应该根据具体情况区别对待。

鹰鸽博弈研究的是同一物种、种群内部竞争与冲突的策略和均衡问题。鹰鸽博弈描述了两种动物为争夺某一食物，而采取不同策略的情况。每只动物都可以选择不同的策略，即鹰策略或鸽策略（攻击性策略与和平性策略），鹰搏斗起来总是凶悍霸道，全力以赴，孤注一掷，就算身负重伤也在所不惜，而鸽只是以风度高雅的惯常方式进行威胁、恫吓，从不伤害其他动物，往往委曲求全。如果鹰同鸽进行搏斗，鹰只要凶猛地进攻，鸽自然就后退，所以双方都不会受到任何伤害。鹰同鹰进行搏斗，双方都会全力以赴，只会两败俱伤。如果鸽同鸽相遇，双方只是叽叽喳喳叫几声，直到一只鸽子做出让步为止，也不会受到任何伤害。我们事先作一个这样的假设，双方在搏斗前，谁也不知道对手是鸽还是鹰，只有在搏斗时才能弄清楚，而且也记不起同谁搏斗过，以前的经验没有借鉴意义。

对于每只动物来说，最好的结局是，对方选择了鸽策略而自己选择了鹰策略，最坏的结局就是双方都选择了鹰策略。假设博弈参与者得分标准为赢一场得 5 个单位的收益，输一场得 -5 个单位的收益，重伤得 -10 个单位的收益，使竞赛拖长浪费时间者得 -1 个单位的收益。这个规则使得鹰、鸽在重复进行中，平均收益较高的个体就会有较高的概率长期生存繁衍下去。

二、寻找鹰鸽博弈中的黄金分割点

按照常理，在鹰与鸽的战斗中，鹰当然会永远获胜，但现实中的人并不会永远扮演鹰的角色。鹰鸽博弈的稳定演进策略共有三种：一种是鹰的世界；一种是鸽的天堂；还有一种是鹰鸽共生演进的策略，这要求混合采取强硬或合作的策略。

在现实社会的生存博弈中，人们往往排他地占有某种利益，围绕人们利害关系的对立，由此形成鹰鸽博弈的模式。不同的人、不同的团体、不同的派别，由于社会地位、经济利益、文化观念、生活环境、个人性格等因素的不同，对同一事物有着不同甚至对立的看法，往往会采取不同的立场与策略，从而可以分为鹰派与鸽派。

假如一个社会的成员全部都是鸽派，这样的社会就可接近于老子“圣人之道，为而不争”的理想了。可惜这样的美好社会是不稳定的。假设突然来了一位鹰派，在与鸽派搏斗时战无不胜，具有生存优势，他的基因就会在后代中传播开去，鹰派在后代中会越来越多。

假如一个社会的成员全部都是鹰派呢？那将是一个时时要拼个你死我活的血腥社会。这样的社会也不稳定，假设如果突然来了一位鸽派，虽然他在搏斗中每战必败，但是也不会有伤亡，而鹰派彼此之间的争斗会有伤亡，这样，作为鸽派也有生存优势，他的鸽派后代也会越来越多。只有鹰派和鸽派各占一定的比例，才能达到稳定的状态。

对于国际政治博弈来说，鹰派在国力强盛、实力膨胀之际，容易骄横自负、仗势欺人、不可一世，而在危机四伏、局势变化时，可能性情急躁、心生极端、铤而走险。鹰派比较迷信实力，尤其是武力，认为只要有强大的力量，就可以纵横天下，畅通无阻，倘若有谁不服就以武力震慑，或者就干脆以兵攻打，干掉对手。这种强硬政策可能会取得立竿见影的效果，但由于手法粗糙，步骤急切，往往会留下许多麻烦。

鸽派认为和平总比冲突好，朋友多了路好走，不轻易与人结怨。这往往会给人一种有亲和力、识大体的感觉。但对于别人的挑衅，只是张嘴说说，或置之不理，这又会给人一种软弱可欺的感觉。于是，鹰派会一次又一次地侵占你的地盘。

很多时候，对于同一问题或事件，鹰派与鸽派会有截然不同的看法。

例如，对于美国“9·11”事件：鸽派立足美国自身作出反思，主张从美国自身来寻找消除恐怖主义的途径，在国际关系中奉行多边合作的策略；鹰派却大相径庭，变得更加强硬、咄咄逼人，坚持主张以先发制人的战略消灭对自身构成威胁的力量。伊拉克战争正是鹰派先发制人战略的产物，但鹰派的策略使美国变得更安全了吗？使世界变得更安全了吗？答案是否定的。2005 年 7 月，美国的盟国英国连续遭到两次恐怖袭击，伤亡惨重，随后，埃及的旅游胜地沙姆沙伊赫也遭受了连环爆炸袭击，损失惨重。

当然，鹰鸽两种策略各有利弊，鹰策略强硬有力但失之于激进，鸽策略温和稳健却有些消极。因此，调和两者而采取“中庸之道”往往会成为较好的策略选择。需要指出的是中庸之道并不是左右之间的一条绝对中间线，并不是折中路线，而是伸屈自如、刚柔相济、不走极端的博弈生存策略。其实，所谓的黄金分割点正是处于中左或中右的位置上。

第八章 博弈中的要挟

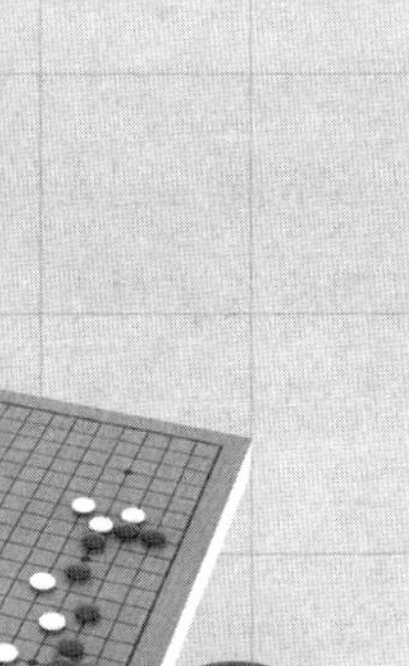

在生活中，我们时常会受到别人的威胁与要挟，这威胁与要挟，可能来自竞争对手、同事、朋友，甚至自己最亲密的人。在博弈中，想要成功地要挟对方，必须充分地掌握对方的信息及利益，以此来要挟他，逼其就范。想要摆脱要挟，就要先识别对方发出的威胁是否可信，这些威胁可能造成的后果，以及不合作的损失和收益。

要挟概说

在博弈中，有人会利用自己掌握的别人的信息或利益，来要挟对方，逼对方就范。在博弈中要想成功地要挟对方，必须先明确自己所掌握的筹码，然后计算这个筹码对对方的重要性，以及要挟的合法性问题，只有掌握这几点，才能成功地要挟对方。

著名的司法案件——阿拉斯加包装工人协会诉多梅尼科案——就可以很好地说明要挟的问题。有一位船主雇用渔民到阿拉斯加捕捞鲑鱼，这些渔民是从旧金山请来的，而且工资已经谈妥。不过，当船开到阿拉斯加海域时，渔民却要求除非工资大幅提高，否则他们就不工作。船主的处境很糟糕，因为他很难在短时间内找到新的渔民。于是船主便答应提高工资，但是等船回港后，他却拒绝支付额外的钱。渔民把船主告上法庭，却以败诉告终，因为法官认为，渔民试图用不正当方式迫使船主在短时间内依赖他们。

图 8-1 说明了一般性的要挟博弈。在这个博弈中，局中人 1 可以从三个人当中雇用一个来完成工作。可是，一旦雇用这个人之后，就只有他才能把这件事做完。从博弈开始的时候看，三个人都能做完这件事。但只要局中人 1 挑了其中一个人，他就得依赖所雇用的人，因为这个时候已经无法挑选其他的人。图 8-2 所表示的则是另一种博弈，你虽然依赖某个人，但并不会被要挟。在这个博弈中，人员 A 一直都是唯一能完成工作的人。所以当你聘请他后，你也不会变得更依赖他。在图 8-1 中，人员 A 要等到被聘请后才能获得巨大的权利。但在图 8-2 中，人员 A 则一直拥

有这个权利。

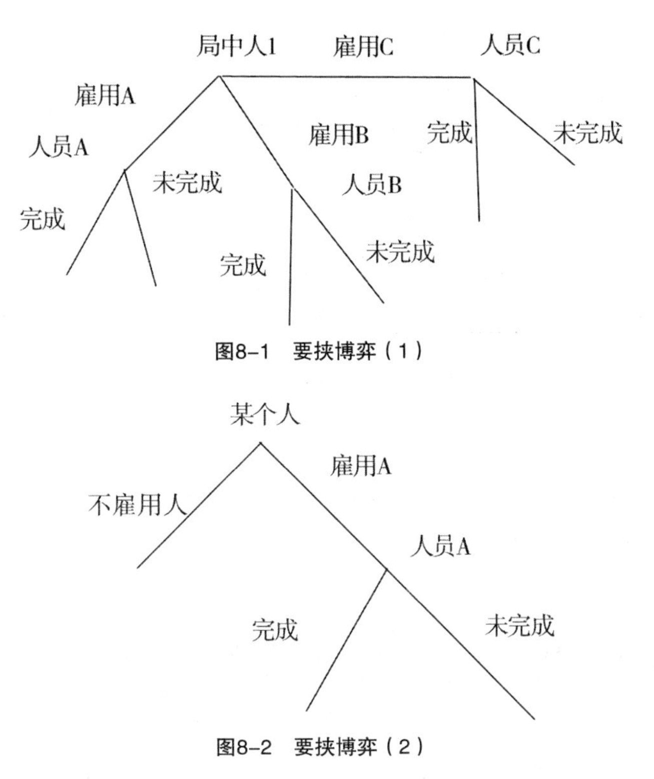

图8-1　要挟博弈（1）

图8-2　要挟博弈（2）

你应该避免依赖那些会利用你的人，尽可能最小化要挟问题。例如，假设你想盖一座工厂来生产配件。除了盖工厂以外，你还需要链齿轮来制造配件，但生产链齿轮的公司只有一家。因此，当工厂盖好后，这家链齿轮供应商就是你唯一的依靠，所以，他可以把价格抬得非常高。为了避免发生这样的问题，你在盖工厂前就应该和这家链齿轮供应商签订长期合同，以确保它绝对不会索价过高。

有第二个货源也可以减少要挟的问题。如果在上例中，你确定至少两家供应商有生产链齿轮的技术，有一家却没有生产。在盖工厂之前，你就可以说服这家供应商开始生产链齿轮，以便使你绝对不会只依赖一家公司。

员工对公司的要挟

一、什么员工最容易要挟公司

一般来说，最容易对公司进行要挟的是那些处于关键岗位的员工，公司对他已产生了一定的依赖性。这些员工往往会以公司对他的依赖性为筹码，对公司提出加薪的要求。另外，一些技术性较强的行业，员工很难在社会上招聘到，员工也可能会联合起来要挟公司，如航空公司、船舶制造企业等。下面我们来看一家航空公司的员工对公司的要挟。

法国一家航空公司的员工联合起来，对公司提出了加薪的要求。员工们都知道，罢工可使航空公司的成本增大到极点，因为罢工会导致昂贵的飞机闲置。而航空公司又很难找到人来取代罢工的员工，因为这些员工都具有专业的技能。在这种情况下，航空公司的雇员可以对公司造成极大的伤害，并借机要求加薪。

为了了解这家航空公司的困境，我们来看下面这个经过高度简化的例子。假设没有罢工，这家公司预计会有1000万法郎的收入，900万法郎的成本，公司就可以获利100万法郎。可是，如果雇员罢工，公司的利润会出现什么变化呢？在理想的情况下，公司只要替换罢工的雇员就不会受到伤害。如果这家公司的雇员很容易替代，他们就不可能对公司进行要挟，因为公司并不是非靠他们不可。现在假设你公司的雇员具有较强的专业技能，只要他们罢工，公司就必须停工，并损失100万法郎的收入。此时你公司的雇员就可以要挟你，因为他们对你形成了人为的垄断。你公司现有的雇员经过训练后，便成了唯一能够完成这项工作的人，所以你的公司只能依赖他们来完成工作。那么，罢工对你公司造成的伤害究竟有多大?

罢工会让你公司损失 1000 万法郎的收入，但也可以让公司省下部分成本，因为不必再为罢工的员工付薪水。如果公司的 900 万法郎成本全是用来付薪水，那么罢工只会让你损失 100 万法郎。可是，如果公司平常花在薪水上的成本只有 200 万法郎，其他 700 万法郎的成本则是花在设备上，情况会变得如何? 此时罢工会让你损失 1000 万法郎的收入，却只能省下 200 万法郎的成本。薪水占成本的比例越低，罢工所导致的损失就越大。当很多昂贵的机器必须靠少数几个雇员来操作，而且没有人可以取代他们时，这些雇员就有力量控制你。航空公司的处境就是如此，因为那些贵到极点的飞机必须靠专业技术人员来操作与维护。

二、怎样让老板为你加薪

在职场中，老板与员工的关系历来就是一对矛盾的统一体。对于老板来说，他总是希望薪水少发一些，效率提高一些。对于员工来说，他总是希望薪水多拿一些，工作少干一些。在这种矛盾的博弈中，自然就会产生众多的权衡与抉择。

可以说，每一个职场人士，在与老板进行博弈的时候一定是围绕薪水进行的。一方要让收入更符合自己的付出，另一方则要让支出更适合自己的赢利目标。在这场博弈中，如何才能获得与自己付出相符的收入呢? 首先，作为员工，如果想要让老板给你加薪，那么就必须主动提出来。你不提，不管用什么博弈招数都没用。

不过，当你向老板要求加工资时，除了把加工资的理由一条一条摆出来，详细说明你为公司做了哪些贡献之外，更重要的是确定自己提出的加薪数额。你提出的数额应该超过你自己觉得应该得到的数额。注意，关键是“超过”。鉴于你与老板之间的地位不平等，这就需要勇气，事先一定要对着镜子，好好练习一下这个过程。这样见了老板就不会欲言又止、吞吞吐吐了。

在你与老板之间形成的博弈对局中，老板会通过对你的能力和价值的综合了解，判断出该给你加薪的幅度，并以此作为讨价还价的依据。如果你的理由充分，又有事实根据，可能跟老板对你的看法有出入，发生心理学的所谓“认知不一致”，老板会设法协调这种不一致。但是，你不把这种“认知不一致”暴露出来，在加薪的对局中你就会处于下风，因为他会一直抱着成见。你提供了不同的看法，就迫使他重新评价你，以新的眼光看待你，最后达成有利于你的结果的可能性反而更高。

综上所述，当你要求老板给你加薪的时候，既要鼓起勇气，更需要采用揣摩与试探的策略。要求过高，老板不会同意，还有可能炒你的鱿鱼，要求过低，又会使老板看轻你。总之，在这场与老板的博弈中，一定要把握好分寸，否则过犹不及。

要挟的不可置信性及可信性

要挟不可置信及可信性是博弈论里所提及的概念，这两种要挟策略的出发点都是想实现自己的诉求。

一、要挟的不可置信性

在生活中，人们惯用要挟和恐吓来达到自己的目的。但是，理性的参与人会发现某些博弈中要挟是不可置信的，即所谓的“空洞要挟”。要挟不可置信的一个重要原因是，将要挟时所声称的策略付诸实践对于要挟者本人来说比不实施要挟更不利。既然如此，我们就没有理由相信要挟者会选择要挟时所声称的策略。

例如，有一个垄断市场，唯一的垄断者独占市场，每年可获得 100 万元的利润。现在有一个新的企业准备进入该市场。如果垄断者对进入者采取打击策略，那么进入者将每年亏损 10 万元，同时垄断者的利润也下降为 30 万元；如果垄断者对进入者实行默认策略，那么进入者和垄断者将各自得到 50 万元的利润。现在，为了防止进入者进入，在位的垄断企业宣称：如果进入者进入，那么它就会选择打击策略。但是，如果把这个市场进入博弈的博弈树画出来（图 8–3），再用逆向归纳方法求出均衡路径，你会发现什么？

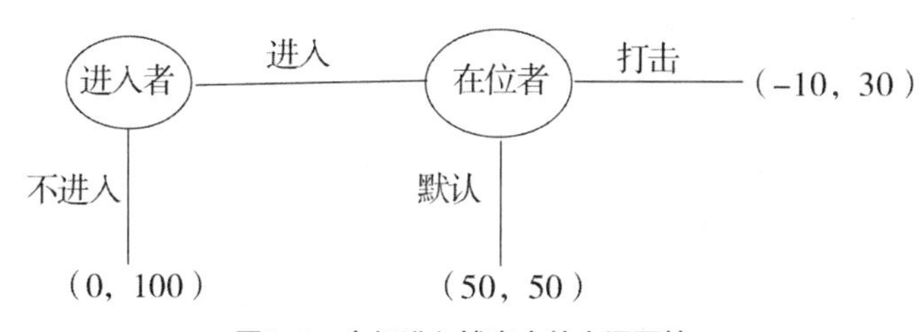

图8–3　市场进入博弈中的空洞要挟

我们会发现均衡路径是进入者进入，而在位者默认。在位者的要挟将是不可置信的。因为进入者真的进入了，在位者选择默认而不是打击将更符合自己的利益，所以在位者宣称要实施打击，也只是说说而已。

实际上，在很多时候，要挟都是不可置信的，尤其是口头要挟。比如就私奔博弈来说，有的父亲以脱离父女关系要挟女儿与男朋友分手，往往也是一个空洞要挟的例子。

在家庭里，经常出现不可置信的要挟。因为家庭的成员彼此间的利害相关，惩罚一个家庭成员也会给惩罚者带来负效用，结果就常常使惩罚变得不可置信。父亲常常会吓唬在墙壁上乱画的孩子，说如果他继续乱写乱画就把他的手指头割掉。但是聪明的孩子会对此毫不理会，因为他知道父亲不会割掉他的手指头。是的，父亲怎么可能会割掉他的手指头呢，这样做对父亲本身来说也是非常不利的事情。

在公司里，员工常常会策略性地提出加薪，而要挟老板加薪的一个常见话术就是“如果不给我加薪，那我就将离职”。问题是，老板会不会理睬员工的要挟呢？一个显然的事实是，老板可不像小孩那样缺乏理性。如果员工并没有其他的去处，老板就不会理睬员工的加薪要求。只有老板相信员工真的会离去，并且他觉得多花点钱留住员工是值得的时候，他才会给员工加薪。

二、如何增加要挟的可信性

一群警察把一伙嫌犯团团围在一个刚建好不久的二层楼内，警察已包围了这座小楼，警车已封住了通往小楼的路。警察用喇叭喊话，叫嫌犯赶快投降，否则就会施放催泪瓦斯，然后潜入楼内活捉他们。喊了一个小时的话，楼内仍没动静。忽然，楼内闪出了一名嫌犯，他挟持着一个人质，对警察高声喊话，让警察赶快准备车辆让他们离开，否则就要杀了人质。嫌犯后面还跟着两个持枪的嫌犯。

情况非常紧急。但让警察们不明白的是，他们追赶嫌犯的时候，他们并没有挟持着人质，怎么进了楼内忽然又多出了一个人质呢。经警察们的分析、调查和从人质的长相发现，人质极有可能就是嫌犯中的一员，他们想借这个假人质要挟警方。在确定人质身份后，警察先用催泪瓦斯让嫌犯失去了战斗力，然后活捉了他们。

这伙嫌犯想用自己人冒充人质来要挟警察，结果被警察识破，认为他们是不会杀“人质”的。所以这样的要挟是不可信的。

那么，我们应如何增加要挟的可信性呢，可参考以下几种方法：

（一）通过限制自己的选择路径，增加要挟的可信性

例如员工要求加薪的例子，有些员工给出的要挟是，如果老板不加

薪，他就选择离开。有些员工为了增加要挟的筹码，往往会装作一副要跳槽的样子，比如故意请假，去参加大大小小的面试，在别人面前宣扬其他公司的好处，等等。当然，老板也可以使用策略限制这些员工的要挟。如可做出这样的承诺，我们公司一直致力于提高员工的待遇，公司一直把员工的利益和公司的利益联系在一起。但我们也不限制员工的发展，你想另谋高就，公司也决不挽留。这使得老板不用再为那些以离职为要挟的员工进行加薪，同时也使员工不再抱有以离职来谋求加薪的欲望，因为，这样他们得不到好处。

通过限制选择路径，来增加要挟的可信性的一个很典型的例子就是“背水一战”。在这个例子中，面对眼前强大的敌人，我方往往会通过斩断退路来表明拼死一战的决心。如项羽在“巨鹿之战”中，“破釜沉舟”截断了退路，击败了数倍于我的敌军。

（二）向对方表明你的实力及决心

在博弈中，你可以向对手宣称会采取某种策略，向对方表明你会采用这项策略的决心。如美国的宝洁公司，作为日常生活用品市场中的领导者，它对挑战者就采取一种毫不留情的进攻策略，一旦挑战者进入它的市场，它马上就会降低价格，并增加广告费用及促销策略来击败挑战者，让对手血本无归。它在市场上树立了一种凶猛的形象，向挑战者们表明，它会不惜一切代价保护自己的市场。

另外，在要挟时，你要清楚地向对方表明，你只会采取这项策略。如果你的态度表现得不够明确，那就可能让对手还幻想着你会采取其他策略，从而令你很难达到自己的目的。尤其在面对关系亲密的对手时，一旦策略选定后，在他们要求你采取其他策略时，要敢于说“不”。

（三）拒绝对方向你传递的信息

拒绝对方向你传递的信息，也可以增加要挟的可信性。比如，有一场对你来说非常重要的足球比赛，你非常想去看，而刚好这一天，你女朋友却要你陪她去看一场电影。你自然是不愿意去的，你于是就拼命地和她说不看电影的好处。可这时你女朋友却说，晚上 8 点电影院见，要是你不来，咱们以后就不用再见面了，并啪的一声把电话挂了。你再想打过去，她的手机却已经关机了，这时你该怎么办。

其实女朋友这样做是有道理的，因为她通过截断与你的联系，而明确地告诉你，自己要落实这项决定的决心。你虽然很想去看足球比赛，但你又不想与女朋友分手，最后你不得不满腹委屈地走入电影院。

然而，更多的时候，拒绝联系是为了限制不利于自己的信息——因为在博弈局势中，拥有更多信息不一定是好事。例如，一个又盲又聋的人，他看不到也听不见，和一个正常人狭路相逢，谁会让道呢？答案是显而易见的。盲聋人不知道前面有人，甚至你也没有办法让他知道前面有人，所以他只顾向前，正常人只好回避。在这里，盲聋人因为掌握更少的信息反而获得了好处。

如何摆脱对方的要挟

当你与对方合作时，你人为地依赖某个人或组织，要挟的问题就出现了，要挟产生于人与人之间的相互依赖性。你对某个人或组织的依赖性越强，对方要挟你的筹码也就越大。那么，如何摆脱对方的要挟呢，我认为可以从以下几个方面入手：

一、与对方签订长期合同

在 1920 年，通用汽车请费雪车身厂为它的汽车生产封闭式的金属车身。费雪车身厂必须投入巨大的专用固定资金才能达到通用汽车对它的要求。为了保护自己不受他人要挟，它要求通用汽车签订长期合同，其中规定通用汽车只能从费雪车身厂购买封闭式的金属车身。如果费雪车身厂没有与通用汽车达成这样的约定，那么等他们为通用投入大量资金后，通用汽车就可以要挟他们，因为费雪车身厂的汽车零件如果不卖给通用汽车，他们的投资几乎毫无价值。

然而，当合同签订后，具有封闭式金属车身的汽车所带动的消费需求也跟着上扬，并把费雪车身厂置于非常强势的地位。此时，通用汽车对这种车身的需求大大增加，但按合同规定，通用汽车只能向费雪车身厂采购。

费雪车身厂就通过签订这样的专属合同，避免了通用汽车在未来可能提出的要挟。

二、为自己备好第二条路

古人常说“狡兔三窟”，这就是说在合作时要避免过度依赖一个人，当我们拥有很多合作伙伴时，如果你的一个合作者要挟你，你可以再联系第二个。减小对一个人的依赖性，这是避免要挟的不二选择。

在现实生活中，我们经常可以看到有些生产厂商会选择几家供应商。如一些精明的厂商在选择供应商时，会选择三家供应商，选择生产质量最好的供应商生产零件的60%，其余的两家均分剩下的40%。当一家供应商想来要挟厂商时，可把业务转移给其他供应商。

面对要挟，如果妥协，实际上并不能从根本上解决问题。这使企业不仅在经济上有损失，事后还会有连锁反应。所以必须采取强硬的对策解决问题。

正如，美国一直以来都被称为世界科技的灯塔，而华为也不例外。华为一直将科技视为最重要的生产力，以此为目标不断推动技术进步和创新。然而，随着华为的发展壮大，美国开始对它不断打压制裁。尽管如此，华为并不退缩，展现出了顽强的一面，抗击制裁。为什么呢？因为华为拥有自己的底气，拥有众多的5G专利。华为不但进行了上万个零部件的自主研发，而且还实现了4000多个电路板的国产替代。目前，鸿蒙系统的用户量已经突破了3亿，成为继安卓和IOS之后第三大手机操作系统。这一切都表明，华为已经具备了自主研发和生产的能力，尽管美国竭力采取技术封锁，但无法阻挡华为迈进的步伐。

三、选择专用投资应慎重

当雇员所拥有的人力资本只适用于特定工作时，他们就比较容易受制于人。同样，当一个企业的投资只有一种用途时，他们就更容易被操纵。假设你同意盖一座制造工厂来生产本田汽车的零件，当你把工厂盖好后，本田对你的控制会达到什么程度？如果你可以轻易地转型为福特公司制造汽车零件，那么你对于本田的依赖就不会那么深了。否则，当本田不再需要你的零件时，你先前的投资就会血本无归，这时本田就可以要挟你，因为你只能依赖它。如果你的投资只有一种用途，你也许就需要靠长期合同来保证你的产品一定卖得出去。可是，如果你的投资有多种用途，那么你就可以不必那么紧张，因为你并不是那么依赖原有的伙伴。

第九章 所罗门的智慧：公平不是平均

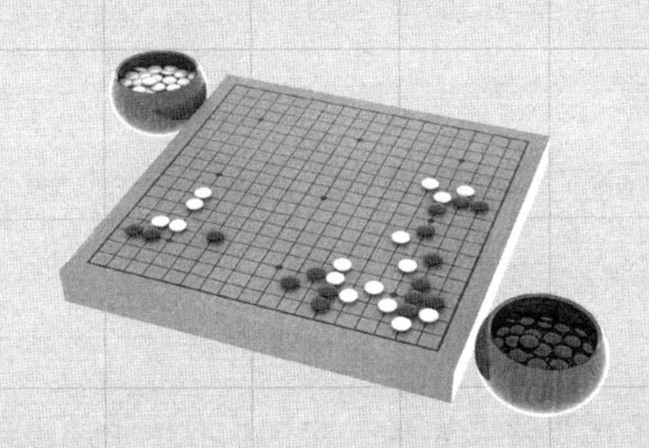

我们时常谈论公平与效率的关系，一个社会的分配制度做得越公平，就越有利于生产力的发展，但公平分配绝对不是平均分配，平均分配同样也会制约生产力的发展。如何做到公平分配，关键在于机制的设置及执行。但正如任何机制都有缺陷一样，我们不可能做到绝对的公平。

所罗门断案的故事

所罗门是古代以色列国的国王，是大卫王的二儿子。他十分具有智慧。

两个妇女找到所罗门王，在他面前，一个妇女说："我主啊，我与这妇人同住一室，室内再无别人。我生了个男孩。我生孩子后第二日，这个妇人也生了个孩子。夜间她睡觉的时候，压死了自己的孩子。她半夜起来，趁我熟睡，从我身旁把我的孩子抱走，放在她的怀里，却把死去的孩子放在我的怀里。天快亮的时候，我起来给孩子喂奶，我发现孩子死了！等到天大亮，我仔细察看，才看出这不是我生的孩子。"

可第二个妇女说："不对！活孩子是我的，死孩子才是你的。"

第一个妇女又说："不对！死孩子是你的，活孩子是我的！"她们二人在国王面前争吵不休。

所罗门王说："你们一个说我的孩子是活的，你的孩子是死的；另一个说死孩子是你的，活孩子是我的。干脆这样吧，拿我的剑来！"

侍卫拿来利剑。国王厉声下令："把这孩子劈成两半，一半给这个妇人，另一半给那个妇人！"

第一个妇人听了连忙说："求我主开恩，把孩子给她吧，我情愿不要，千万别劈他！"

第二个妇人却说："我得不到孩子，你也休想，把他劈了！"

这时，所罗门王说话了："把活孩子给第一个妇人，她才是孩子的母亲！"

在场的所有人对国王的裁决肃然起敬，从这件事上人们发现了国王的聪明与公正。

这里，结果是公平的——孩子归了他母亲，而获得这个结果的方式则是充满智慧的。

所罗门王所用的策略是不可复制的，这是只有在特殊情况下才会有的结果：那两个妇人均是在不知道所罗门王的真正意图的情况下表达出自己的意愿的：真母亲首先希望孩子活着，其次才是孩子回到自己的身边；假母亲首先关心的是孩子归属，孩子的性命是次要的。

我们看到，这里的公平分配不是指平均的分配，也不是双方均满意的分配，而是合理的分配。分小孩——是公平而不是平均。

什么样的分配最公平

有一位父亲，年老多病，但是他有很多财产。老人有两个儿子，当他病重时很挂虑那些财产，于是说："将来我要把财产分给这两个儿子，不过，一定要分得很公平。"交代之后老人就过世了。两个儿子按照老人交代要把财产分作两份，可是总分不平均，两人因此起了争执。这时，有一个愚笨的老人，对他们说："要把任何事都处理得很公平，唯有一个方法，就是把每样财产（物品）都分成两半。"这听起来似乎很有道理。

于是就请人来帮忙，把每样东西都分两半——衣服撕成一半一半的，碗、盘也都切分成两半，家具也分两半，一切都分成两半。兄弟两人竟然十分满意，留下了一个被人嗤笑的段子。

世间万物究竟要怎么分才能分毫不差而且完整又公平呢？世上很多事无法做到这样的程度，若一定要如此，那一切都要被破坏。分配对任何一个时代、任何一个社会来说都是重要问题。在中国传统中有这样的思维：“不患寡，而患不均。”这就是说，人们能够忍受贫穷，而不能忍受社会财富分配不均等。微观经济学通常涉及三个方面的内容——生产什么、如何生产及如何分配，这样看来分配是经济学的一个重要内容。

公平分配是人们追求的目标。然而，什么是公平分配？

首先，要确定一个分配的公平标准，某种分配符合这个标准，它就是公平的，否则就是不公平的。

其次，公平的不等于平均的，尽管有时是平均的。一个公平的分配是，各方之所得是他们“应该”获得的。但什么是“应该”获得的？

作为理性人，每个人都想多分配一点。现实中的许多争吵，大到国家间的领土争端，小到人与人之间鸡毛蒜皮的小事，很大一部分是由于分配不公平造成的。这种争吵或是由于一方认为不公平造成的，或是由于双方均认为不公平造成的。

八块金币该怎么分

我们来看这样一个小故事。

约克和汤姆结伴旅游。约克和汤姆准备吃午餐。约克带了 3 块饼，汤姆带了 5 块饼。这时，有一个路人路过，路人饿了。约克和汤姆邀请他一起吃饭。路人接受了邀请。约克、汤姆和路人将 8 块饼全部吃完。吃完饭后，路人感谢他们的午餐，给了他们8个金币。路人继续赶路。

约克和汤姆为这8个金币的分配展开了争执。汤姆说：“我带了5块饼，理应我得5个金币，你得3个金币。”约克不同意：“既然我们在一起吃这8块饼，理应平分这8个金币。”约克坚持认为每人各4块金币。为此，约克找到公正的夏普里。

夏普里说：“孩子，汤姆给你3个金币，因为你们是朋友，你应该接受它；如果你要公正，那么我告诉你，公正的分法是，你应当得到1个金币，而你的朋友汤姆应当得到7个金币。”约克不理解。

夏普里说：“是这样的，孩子。你们3人吃了8块饼，其中，你带了3块饼，汤姆带了5块，一共是8块饼。你吃了其中的1/3，即8/3块，路人吃了你带的饼中的3−8/3=1/3；你的朋友汤姆也吃了8/3，路人吃了他带的饼中的5−8/3=7/3。这样，路人所吃的8/3块饼中，有你的1/3，汤姆的7/3。路人所吃的饼中，属于汤姆的是属于你的7倍。因此，对于这8个金币，公正的分法是：你得1个金币，汤姆得7个金币。你看有没有道理？”约克听了夏普里的分析，认为有道理，愉快地接受了1个金币，而让汤姆得到7个金币。

在这个故事中，我们看到，夏普里所提出的对金币的“公正的”分法，遵循的原则是：所得与自己的贡献相等。即我们通常所说的“按劳分配”原则，谁的贡献越多，谁的所得也就越多。这个分配虽然很公平，但却有伤参与者（即约克）的积极性，最终可能影响双方的下一次合作。

约克的平均分配主张，体现了一种“吃大锅饭”的思想，认为只要自己参与了，就应该获得同等的收益，不管实际付出了多少。这种思想是极不可取的，如果在一个集团中，只注重利益的均等，而忽视贡献的多少，只会令大家都变得懒惰，最终导致整个集团工作效率的下降。

汤姆的分配主张充分体现了照顾参与者利益的原则，这种分配思想虽不是绝对的公平，但在照顾对方感受的情况下，想到了双方还有下一次的合作机会，为了不过多地挫伤约克的积极性，汤姆牺牲了自己部分的利益，以此来赢得下一次的合作。这在经商中非常常见，如一些供应商，在知道你只做一笔生意时，会按原价销售，当你订货量较大，或有长期的合作机会时，往往会给你一个优惠价。

怎样的分配才算双赢

什么样的分配才是双赢的分配，一般情况下双方都认为公平的分配才是双赢的分配。但在每个人都追求个人利益最大化时，怎样才能做到公平，我们来听下面这个故事。

假定一对夫妇，安娜和汤姆，感情破裂，不想在一起过日子了。他们到法院对财产进行分割。法官看了他们的财产：冰箱、计算机、缝纫机、烟斗、自行车、书桌，一共有 6 件。法官叫他们轮流选择这 6 件物品，所选择的归他所有。

选择的结果是什么呢？我们假定安娜与汤姆对不同物品的偏好不同，比如，安娜作为家庭主妇最喜欢冰箱，也认为它最值钱；而汤姆由于工作的关系更喜欢计算机，认为它更有用。他们的偏好如表 9–1 所示。

表9–1 安娜与汤姆偏好指数表

参与分配人员	1	2	3	4	5	6
安娜	冰箱	缝纫机	自行车	书桌	计算机	烟斗
汤姆	计算机	烟斗	书桌	自行车	冰箱	缝纫机

于是，选择的结果是：安娜选了冰箱、缝纫机和自行车，而汤姆选了计算机、烟斗和书桌。

安娜得到了6件物品中她认为价值最高的3件物品，汤姆同样得到了他希望得到的价值在前3位的物品。两人对分配均满意。这是一个双赢的分配。

这里实现的“双赢”分配，其基础是：我们假定他们对不同的物品的估价“差别较大”，或者说不同物品在不同的人那里其“效用”是不同的。为了证明这里的分配是双赢的结果，我们令他们对每件物品进行打分，若满分为100分，安娜和汤姆分别将这100分分配给不同的物品。

表9–2 汤姆与安娜的效用打分表

偏好指数	安娜		汤姆	
	物品	打分	物品	打分
1	冰箱	28	计算机	30
2	缝纫机	22	烟斗	25
3	自行车	20	书桌	20
4	书桌	15	自行车	15
5	计算机	10	冰箱	5
6	烟斗	5	缝纫机	5

这样，安娜总共得到了70分，而汤姆得到了75分。两人分配得到的结果大大超过了50分。勃拉姆兹在《双赢解》一书中还提出了分配的“无嫉妒原则”。若安娜嫉妒汤姆，认为他的所得超过自己，勃拉姆兹提出，可以让汤姆补给安娜2.5分值的东西。这样，安娜的心理就平衡了。此时双方都不会产生嫉妒心理。如此看来，这样的分配确实是双赢的。

在上述的分配中，我们假定安娜和汤姆对不同物品的估价或者排序是不同的。如果他们的估价差不多，情形又将如何？

假定安娜和汤姆对不同物品估价后进行的排序如表9–3所示。与前面一样，同样是安娜先选择，然后是汤姆，接着是安娜……

表9–3 汤姆与安娜的估价排序表

参与分配人员	1	2	3	4	5	6
安娜	冰箱	计算机	自行车	书桌	缝纫机	烟斗
汤姆	计算机	烟斗	书桌	自行车	冰箱	缝纫机

在这样的选择中，如果每个人进行的选择是诚实的，即每个人进行选择时，都是从剩下的物品中选择自己认为价值最高的物品，那么结果是：安娜选择了冰箱、自行车和缝纫机；而汤姆选择了计算机、烟斗和书桌。

在这个分配中，安娜获得了她认为的价值“第一”“第三”和“第五”的物品，而汤姆获得了他认为价值“第一”“第二”和“第三”的物品。这样的分配对双方来说，虽然不是最好的结果，但是双方应该对这个分配结果感到满意。

在这个例子中，聪明的读者会想：安娜第一次不选择冰箱，而先选择计算机，情形会怎样呢？即：安娜的选择是策略性的，而不是诚实的。因为，安娜知道在汤姆那里计算机的价值排第一，而冰箱排倒数第二。安娜第一次选择了计算机，轮到汤姆选择时，汤姆不会选择冰箱，而选择了烟斗。

安娜得到了她认为最值钱的前三位的东西。汤姆得到了他认为的第二、第三及第六位价值的物品。在这个例子中，如果汤姆对自己的分配所得的结果不满意，他同样可以采取策略。当他看到安娜采取策略性行为而选择了计算机时，轮到他选择时，他先选择冰箱！尽管冰箱在他看来价值第五，但他知道冰箱在安娜那里价值最高，当他选择了冰箱后，他可以用它与安娜交换计算机！这样一来，情形就变复杂了。读者不妨自己分析此时的结果。

如果双方对物品的估价一样，此时的分配便无法做到双赢了。这样的分配问题演变成了一个“常和博弈”：双方所得之和为一个常数，一方如果分配所得多了，另外一方的所得便少了。我们这里不对这个问题进行探讨。

第十章 对战中的突围密码

对战中的博弈，实际上是一种斗鸡博弈，斗鸡博弈描述的是，如何让自己在强强对抗中占据优势，力争取得最大收益，确保损失最小。在斗鸡博弈中，最理想的结果是你选择进攻，对方选择退让。最坏的结果是双方都选择进攻。选择进攻还是退让不是由双方的主观愿望决定的，而是由双方的实力决定的，为了知晓对方的实力，进行策略性试探是必须的。

对战中的斗鸡博弈

在西方，一些莽撞的青年经常做这样一件事，两人在一个可能彼此相撞的过程中开车相向而行。每个人可以在相撞前转向一边而避免相撞，但这将让他被视为“懦夫”；他也可以选择继续向前——如果两个人都向前，那么就会出现车毁人亡的局面；但若一个人转向而另一个人向前，那么向前的司机将成为“勇士”。

如果一方退下来，而对方没有退下来，对方获得胜利，退下来的这位司机则很丢面子；如果对方也退下来双方则打成平手；如果自己没退下来，而对方退下来，则自己获胜，对方失败；如果两位司机都前进，则两败俱伤。因此，对每位司机来说，最好的结果是，对方退下来，而自己不退，但是若双方均不退则面临着两败俱伤的结局。

不妨假设两位司机均选择前进，结果是两败俱伤，两者的收益是 -2 个单位，也就是损失为 2 个单位；如果一方前进，另外一方后退，前进的司机获得 1 个单位的收益，赢得了面子，而后退的司机损失 1 个单位，输掉了面子，但没有两者均前进受到的损失大；两者均后退，两者均输掉了面子受到 1 个单位的损失。当然这些数字只是相对的值。

> 在斗鸡博弈中，一旦双方都选择进攻，就可能进入骑虎难下的境地，这时，一方或双方选择策略性退出是明智之举。

如果博弈有唯一的“纳什均衡点”，那么这个博弈是可预测的，即这个“纳什均衡点”就是事先知道的唯一的博弈结果。如果博弈有两个或两个以上的

"纳什均衡点"，则无法预测出一个结果来。斗鸡博弈有两个"纳什均衡点"：一方进和另一方退。因此，我们无法预测斗鸡博弈的结果，即不能知道谁进谁退，谁输谁赢。

由此看来，斗鸡博弈中的参与者处于势均力敌、剑拔弩张的紧张局势。这就像武侠小说中描写的一样，两个武林顶尖高手在华山比拼内力，斗的是难分难解，一旦一方稍有分心，内力衰竭，就要被对方一举击溃。

斗鸡博弈在日常生活中非常普遍。比如，丈夫和妻子吵架，最好有一方先闭嘴。再比如，收债人与债务人之间的博弈。假如债权人 A 与债务人 B 实力相当，债权债务关系明确，B 欠 A 100 元，金额可协商，若双方都让一步，A 可获 90 元，减免 B 债务 10 元，B 可获 10 元。如一方强硬一方妥协，则强硬方收益为 100 元，而妥协方收益为 0；如双方强硬，发生暴力冲突，A 不但收不回债务还受了伤，医疗费用损失 100 元，则 A 的收益为 -200 元，也就是不仅 100 元债务收不回，反而倒贴 100 元。

因此，A、B 各有两种战略：妥协或强硬。每一方选择最优战略时都假定对方战略给定：若 A 妥协，则 B 强硬是最优战略；若 B 妥协，A 强硬将获更大收益。于是双方都强硬，企图获得 100 元的收益，A 却不曾考虑这一行动会给自己带来负收益。

故这场博弈有两个"纳什均衡点"，A 收益为 100，B 收益为 0，或反之。这显然比不上集体理性下的收益：A、B 皆妥协，收益分别为 90 元、10 元。但债权人与债务人为追求利益最大化，也可能选择不合作，从某种意义上说双方陷入了囚徒困境。

尽管在理论上有两个"纳什均衡点"，但如果社会信用不健全（如欠债不还、履约率低、假冒伪劣盛行），法律环境对债务人有利，可想而知 B 会首先选择强硬。因此，这是一个动态博弈，A 在 B 选择强硬后，不会选择强硬，因为A采取强硬措施反而结局不好，故A只能选择妥协。而在双方强硬的情形下，B虽然无收益，但B会预期，他选择强硬时A必会选择妥协，故B的理性战略是强硬。因此，这一博弈的“纳什均衡点”实际上为B强硬A妥协。欠债还钱博弈是假定A、B实力相当的情况，如实力相差悬殊，一般实力强者选择强硬。

战国思想家庄子讲过一个故事，说斗鸡的最高状态，就是像木鸡一样，面对对手毫无反应，既可以吓退对手，也可以麻痹对手。这个故事里面就包含着斗鸡博弈的基本原则，就是让对手错误估计双方的力量对比，从而产生错误的期望，再以自己的实力战胜对手。然而，在实际生活中，两只斗鸡在斗鸡场上并不是一开始就做出这样的选择的，而是要通过反复的试探，甚至是激烈的争斗后才会选择严格优势策略，一方前进，一方后退，这也是符合斗鸡博弈理论的。

因为哪一方前进，不是由两只斗鸡的主观愿望决定的，而是由双方的实力预测所决定的，当双方都无法完全预测对方实力强弱的话，就只能通过试探得出答案了，当然有时这种试探是要付出相当大的代价的。

如何化解对战中的斗鸡博弈

斗鸡博弈，实际上就是指两只公鸡狭路相逢，谁也不服谁，开始激烈的互斗，你啄我一下，我踢你一脚，假如互不相让地猛斗下去，结果往往就是两败俱伤。一般来说，在斗鸡博弈中，假如双方都能换位思考，那双方完全可以就利益进行谈判，最后达成以利益换取退让的协议，问题就能得到完满的解决。

一、树立“粗暴强悍”的形象

20世纪70年代，在通用食品公司与宝洁公司的斗争中，通用食品公司就凭借其“鲁莽”和“粗暴”而获得了斗争的胜利。当时美国通用食品公司和宝洁公司都生产非速溶性咖啡，通用食品公司的麦斯威尔咖啡占据了东部43%的市场，宝洁公司的福而杰咖啡的销售额则在西部领先。1971年，宝洁公司在俄亥俄州大打广告试图扩大东部市场，通用食品公司立即增加了在俄亥俄地区的广告投入并大幅度降价。麦斯威尔咖啡的价格甚至低于成本，通用食品公司在该地区的利润率从降价前的30%降到了降价后的–30%。在宝洁公司放弃在该地区的努力后，通用食品公司也就降低了在该地区的广告投入并提高价格，利润恢复到降价前的水平。后来，宝洁公司在两家公司共同占领市场的中西部城市扬斯敦增加广告并降价，试图将通用食品公司赶出该地区。作为报复，通用食品公司则在堪萨斯地区降价。几个回合之后，通用公司树立了一个“粗暴”的报复者形象，这实际上向其他企业传递了一个信号：谁要跟我争夺市场，我就跟谁同归于尽！于是在以后的岁月里，几乎没有公司试图与通用食品公司争夺市场了。

通用食品公司这种自杀式报复其实跟斗鸡博弈中的选择“前进”是完全一致的。它通过冒险采取这种策略最终成功地恐吓了对手，使对手感到害怕而退避三舍。

二、给对方留一条退路

在藩镇和宦官的夹击中，唐朝又出现了朋党之争，它使唐朝的命脉悬于一线。在朋党斗争的26年间（821—846年），人事变动极为混乱，几乎每一年都要发生一次“轰然而至”和“轰然而去”的浪潮。李党当权则李党党羽弹冠相庆，全部调回中央任职，牛党党羽则被扫地出门。牛党当权后也是这样。

公元832年，牛僧孺被迫辞职，李德裕入朝后，出现了一个能使两个政客集团和解的机会。身为牛党的长安京兆尹杜棕向李宗闵建议：由李宗闵推荐李德裕担任科举考试的主考官知贡举，李宗闵不同意。李德裕出身士族世家，虽然恨透了考试制度，并故意炫耀自己不是进士出身，但其实内心何尝不羡慕？只有杜棕洞察到这个秘密，所以出此建议，企图使世家与寒门在李德裕这里融合。可惜李宗闵没有这种智慧。杜棕退而求其次，建议由李宗闵推荐李德裕担任地位跟宰相相等的御史大夫。李宗闵勉强同意，杜棕就去通知李德裕。李德裕听后惊喜不已，感激得流下眼泪，连连请杜棕转达对李宗闵的感谢。然而李宗闵到底没有这种胸襟和见识，他又听从了给事中杨虞卿的意见，变了卦。李德裕认为受到戏弄，怨恨更深。

从此以后，每一个党派都发挥“宜将剩勇追穷寇”的精神，力求斩草除根，一场场你死我活的政治斗争把朝廷变成了看不见硝烟的战场。

如果凡事一定要争个输赢，那么必然会给自己造成不必要的损失。如果能宽容一些，避免把对手逼入死角，才能更好地保障己方利益。

在这种博弈中，只有一方先撤退，才能使双方获利。特别是占据优势的一方，如果具有以退求进的智慧，给对方回旋的余地，也将给自己带来胜利。

有时候，双方都明白二虎相争必有一伤的道理，也都不愿意成为牺牲者，可是他们往往又过于自负，觉得自己会取得胜利。所以，只要让形势明朗化，让对方明白自己没有稳操胜券的能力，僵持不下的斗鸡博弈就会被化解了。

如何避免对战中的两败俱伤

当今社会随着竞争日趋激烈，每个人都希望自己比别人强，得到的好处比别人多。因此，人们在面对利益冲突的时候，往往会选择竞争，拼个两败俱伤也在所不惜。其实这是一种极其短视的行为。这种做法容易断了他人的路，自己也占不到什么便宜，甚至由此酿成悲剧。所以避免两败俱伤才是优选的智慧。

一、在价格战中如何避免两败俱伤

大家都知道商家之间打价格战，其实是一种囚徒困境。价格战一直打下去，双方都得不到好处，但又该如何摆脱这种囚徒困境呢？我们来看下面一个例子。

在 A 镇有两家店铺同时销售一种产品（如质量完全相同的照相机），我们可以暂称它们为王家店和刘家店。大家都知道，如果两家店联合起来定价，就可以定一个相对较高的价格，从而获取较多利润。姑且假设它们可制定的最优价格为 300 元／台。如果两家店采取竞争性的行为，那么竞相杀价就会使照相机售价逐渐降至边际成本，设为 200 元／台，此时任何一家店都不会有正常的利润。

看来，对于两家店来说，联合定价是最好的。但是许多国家的法律都反对商业垄断，因此联合垄断定价是非法的。如果不能联合垄断定价，那么两家店的定价决策就很可能陷入囚徒困境，即你不降价我最好降价，你要降价我更要降价，结果大家都把价格降到零利润水平。

有没有办法制止囚徒困境式的降价而又不致让法律部门认为是垄断

呢？聪明的刘家店想到了一个好办法。他打出了这样一则广告：本店以每台 300 元的全镇最低价格出售照相机，若顾客能在本镇以更低的价格买到同样的照相机，则本店将赔偿顾客以双倍的差价。意思是说，若王家店以 275 元出售同样的照相机，那么刘家店将会给予顾客 50 元的赔偿。

刘家店这个做法看似是在促进竞争，但实际上是在促使联合。因为刘家店的做法实际上建立了一种自动降价的机制：如果你试图调整价格低于我的价格，那么我对顾客的承诺就自动将我的价格降低到你的价格之下，让你得不到好处。而理性的王家店当然也明白这一点，于是王家店也就没有降价的动力了。刘家店定的 300 元 / 台的价格，就成为双方默认坚持的定价，这与联合订立价格的效果是一样的。

二、退一步，海阔天空

春秋时，楚国一直是南方的强国，公元前 659 年楚国出兵郑国。齐桓公与管仲约诸侯共同救郑抗楚。齐国和鲁、宋、陈、卫、郑、许、曹八国组成联军南下，直指楚国。楚国在大军压境的形势下，派使臣屈完前来谈判。

屈完见到齐桓公就问："你们住在北海，我们住在南海，相隔千里，任何事情都不相干涉。这次你们到我们这里来，不知是为了什么？"管仲在齐桓公身旁，替齐桓公答道："从前召康公奉了周王的命令，曾对我们的祖先太公说过，五等侯九级伯，如不守法你们都可以去征讨。东到海，西到河，南到穆陵，北到无棣，都在你们征讨范围内。现在楚国不向周王进贡用于祭祀滤酒的包茅，公然违反王礼。还有前些年昭王南征途中遇难，这事也与你们有关。我们现在兴师来到这里，正是为了问罪于你们。"屈完回答："多年没有进贡包茅，确实是我们的过错。至于昭王南征未回是因为船沉没在汉水中，你们去向汉水问罪好了。"

齐桓公为了炫耀兵力，就请屈完来到军中与他同车检阅军队。齐桓公指着军队对屈完说："这样的军队去打仗，什么样的敌人能抵抗得了？这样的军队去攻城寨，有什么样的城寨攻克不下呢？"屈完不卑不亢地回答说："国君，您如果用仁德来安抚天下诸侯，谁敢不服从呢？如果只凭武力，那么我们楚国可以把方城山当城，把汉水当池，城这么高，池这么深，你的兵再勇猛恐怕也无济于事。"齐桓公和管仲本也无意打仗，只是想通过这次军事行动来增强自己的号召力罢了。所以他们很快就同意与楚国和解，将军队撤到召陵。

一个明智的博弈者无论面对怎样的对手，在和对方进行一番试探后，只要势均力敌，就会见好就收，尽量避免两败俱伤的结局，同时也会给对手和自己一个台阶下，这样双方都不会伤情面。

对战中的威胁策略

我们常说人要保持理性，我们也认为处理问题一定要有理性，但是就对战中的威胁策略来说，有时需要你看清所面对的对象，以及要针对的不同的情形。

一、让自己显得不够"理性"

让自己显得不够"理性"，也能在对战中得到一些好处。如甲、乙两个人相向而行过一座独木桥，他俩各有两个选择：进或退。若两人都选择了进，那么必定都会掉到河里；若都选择了退，那么它们谁也过不了桥；若甲进、乙退，那么甲胜利，乙丢了面子；若乙进、甲退，那么乙胜利，甲丢面子。如果甲是盲人呢，我想乙一定会退，因为他知道盲人是看不见的，他肯定会向前，不会退的。这时对方百分之百是会向前的，如果乙也向前，那两人只有掉进河里，作为“理性人”，乙肯定不希望看到这样的结局。这样乙只能选择后退。

前面举的通用食品公司就是采用了这个策略，它就是让竞争对手知道，如果谁敢抢占它的市场，它就和谁“拼命”。同样的道理，一个犯错误的员工要求不给予他处分，否则他就自杀。这样的威胁从不会得到雇主的任何关注，因为它不可置信。但是，一个精神病人，当别人要处分他时，他就可以用自残来威胁，于是处罚者只好放弃对他的惩罚，因为精神病人理性不足，确实会把自残的威胁付诸行动。

有一句俗语叫“大智若愚”，在这里可以获得新的诠释。一个被别人认为太过理性的人，往往会遭遇不利的情况；而一个愚钝、看起来缺乏理性的人，常常可因其愚钝而获得好处，正所谓傻人有傻福。因此，真正聪明的人，会把自己扮成一个看起来愚钝的人，以便在博弈中获得好处。不妨考虑有这样两个村子，一个村子的人是理性的，当强盗抢走村子的财物时，他们会先计算追捕强盗的成本和收益，再决定是否追捕；另一个村子的人是不太理性的，强烈的报复心使他们不惜任何代价也要追捕强盗。结果，理性人的村子可能经常会被强盗骚扰，而报复心很强、不太理性的人的村子反而很少受到骚扰。而那个理性的村子要减少强盗的骚扰，一个好办法就是让自己显得不是那么理性。

二、勇气与执着

俗话说，两军对垒勇者胜，如果你在对方面前展现出无比的勇气和义无反顾的样子，对方往往会被你的这种样子吓倒，从而选择后退。当然，“威慑战略”也是对等的，一方采用，另一方也会采用，若对方在你的面前表现得比你还勇猛，你也要考虑撤退，因为与“愣头青”拼命是不值得的。

有这样一个发生在战争年代的故事：一场战役之后，敌我双方仅剩的两个士兵狭路相逢了。他们都已身心疲惫，力不可支，但双方都仍勉强对峙着，枪口对着枪口，目光对着目光。渐渐地，一方的士兵心虚了，发慌了，终于顶不住了，扑通一下跪地求饶，而另一方的士兵双目怒睁的脸上露出了微笑。但是当他吃力地夺过对方的枪支，发现里面根本没有子弹时，他也一下子瘫倒了，因为他自己的枪里面其实也没有子弹。可见，勇还是不勇，有时并不需要真正的较量，而只需将“勇”的信息传递到对方那里即可。

“威慑战略”在博弈中应用广泛。在很多情况下，博弈就是比拼谁比谁更具威慑力。

妥协时机的选择

在有进有退的斗鸡博弈中，两强互不相让，结果是各自遍体鳞伤和相互毁灭。那么，凡事适可而止，留有三分余地最好。

一、斗鸡博弈下的“古巴导弹危机”

要是有人问，20 世纪最危险的是什么，答案应是美国和苏联两强争霸。

二战结束后，形成了对峙的两个超级大国：美国和苏联。这两个超级大国是两个核心，在其周围有各自的盟友，它们一起组成了两大敌对的阵营。1962 年，赫鲁晓夫偷偷地将导弹运送到加勒比海上的岛国古巴，古巴是苏联的盟友。苏联的目的是将导弹部署在美国的眼皮底下，以对付美国。然而苏联的行动被美国的 U–2 飞机侦察到了，美国发现古巴建立了导弹发射场。此事震动美国，肯尼迪总统指责苏联，并发出严重警告，而苏联方面矢口否认。美国决定对古巴进行军事封锁，派遣了舰艇、空军，甚至动用了航空母舰，并集结了登陆部队。美国进入戒备状态，美国和苏联之间的战争一触即发。

面对美国的反应，苏联面临着是将导弹撤回国，还是坚持部署在古巴的选择。而美国则面临着是挑起战争还是容忍苏联的挑衅行为的选择。也就是说，这两只“大公鸡”均在考虑采取进的策略还是退的策略。

战争的结果大多是两败俱伤，而任何一方退下来（而对方不退）又是不光彩的事。结果是苏联将导弹从古巴撤了回来，做了丢面子的“撤退的鸡”。美国坚持了自己的策略，做了“不退的鸡”。当然，为了给苏联一点面子，同时也担心苏联坚持不退而发生美苏战争——这是美国不愿意看到的，美国象征性地从土耳其撤离了一些导弹。古巴导弹危机是冷战期间美国和苏联两霸之间发生的最严重的一次危机。

这就是美国与苏联在“古巴导弹”上的博弈结果。对于苏联来说，退下来的结果是丢了面子，但总比战争要好；对美国而言，既保全了面子，又没有发生战争。这就是这两只“大公鸡”博弈的结果。双方在恰当的时候，同时又在照顾彼此面子的情况下，避免了一场核战争。

二、谈判中的让步之道

双方在谈判时，都在追求自身利益的最大化，在关键问题上，双方互不相让，这样双方也就陷入了斗鸡博弈中，要么谈判破裂，要么一方让步。

谈判的窍门就是，在原则问题上决不让步，在非原则问题上，可以让步，但要选择恰当的时机，以这个让步作为让对方也让步的筹码。

马来西亚一个有名的讲师专门教授神经语言学。一次，一个公司邀请他去讲课，他先给公司总裁做了一个课程简报，总裁看了很高兴，觉得课程不错，问讲师授课费多少。讲师开价 6 万马币，总裁听了觉得价格可以接受，但还是按照例行程序让专门负责的人和讲师谈判。经过谈判，讲师最后说："贵公司总裁人不错，那么就 5 万马币吧。" 总裁听到这样的结果更高兴了，但他不知道，讲师在开价的时候就预留了 1 万的空间，并故意在谈判的最后阶段让给对方，让对方心理上得到满足。

这位讲师故意留了 1 万马币的讲价空间，用这 1 万马币的让步获得了对方的信任及青睐。所以，我们在谈判时，不要把价格定得过死，显得没有转圜的余地。如果你报的价格就是你的底价，而恰巧对方又是一个爱砍价的人，这样双方就可能陷入斗鸡博弈的困境中，最终导致谈判破裂。在谈判时，我们应该留一点让步的空间，这样，在对方极力要求下，你就可以做出一些"无奈"的让步，让对方心理上得到满足，以为这已是你的底价了。

某电脑公司的一个客户有个奇怪的习惯，每次谈判人员和电脑公司谈妥所有条件后，客户公司的副总就会出面，要求对方再提供三个优惠。开始时，电脑公司还据理力争，想要把对方的这一请求挡回去。后来交道打多了之后，就干脆在谈判的过程中预留三项，专门等待对方副总来砍，然后爽快答应，双方皆大欢喜。

第十一章 长期合作中的重复博弈

为什么生人到市场买菜的价格往往比经常去市场的熟人贵，这就是重复博弈与一次性博弈的区别。在一次性博弈中，菜贩们知道与你没有合作前景，常常是能“宰”多少，就“宰”多少；而在重复博弈中，菜贩们为了赢得“回头客”，常常会提供给你一个优惠的价格，希望在再次交往中获得更大的预期收益。

无利可图即走向背叛

现代博弈论认为，每一次人际交往都可以简化为两种基本选择：合作还是背叛。其中一个实质的内容就是相互所能提供的帮助，包括精神上的诚信礼让和物质上的利益。资深的博弈论专家，罗伯特·奥曼曾指出，人与人的长期交往是避免短期冲突、走向协作的重要机制。

一、自私的个体也能合作

在公共汽车上，两个陌生人会为一个座位而争吵，如果两人相互认识，就会互相礼让。在社会联系紧密的人际关系中，人们很重视礼节和道德，因为他们需要长期交往，并且对未来的交往存在预期。

我们去菜市场买菜，如果发现哪家的菜新鲜，价钱公道，以后自然会经常光顾。而卖菜的摊贩知道你是老顾客，自然也会提供更加周到的服务。因为一旦他宰了你一回，以后你就再也不会到他那里买菜了，他就失去了一个可以给他带来长久利益的老顾客。

在这里，最重要的一点就是，重复博弈的次数是不确定的。否则，如果你确定要在他这里买 10 次菜，那么他最大的可能就是每次都比上一次多宰你一点了。反正你也没有办法对他施加任何惩罚。

显然，在这个例子中，交易双方不约而同地向对方传递了希望把单次博弈转化为不确定次数的重复博弈的意愿，以此增加双方的可信度，提高交易成功的可能性。

因此，作为破解诚信危机的关键一步，我们可以通过设计交易规则等方式，实现交易活动从单次博弈或确定次数的重复博弈向不确定次数的重复博弈转化。

事实上，在日常生活中，很多企业与个人都已经在自觉不自觉地运用这一策略，以期增加交易双方的诚信度。比如说在购买保险时，不管是经纪人还是我们自己，都希望交易能以双方都满意的结局达成。经纪人希望赚得佣金，而我们则希望购买到实惠的保险产品。谈判中，经纪人的话隐含着一层意思：他们公司是一家目光长远的企业，因此双方之间的交易会持续进行。同样，我们的话也向经纪人传达了长期合作的意思：如果保险公司的产品服务能物美价廉，我们就会成为它的忠实顾客。

如果存在囚徒困境的重复博弈没有最后一次，那么就会出现双方皆使好心的结果。在现实生活中，有很多博弈正是如此。如果存在囚徒困境的博弈要永远进行下去，你可能就会顺理成章地采取一直使好心直到对手对你使坏心为止的策略。如果两个人都采取这种策略，双方就可以在每一次都得到很好的结果。即使存在囚徒困境的博弈不是永无止境的，但只要没有明确的结束日期，双方均使好心的结果还是会出现。举例来说，如果有两个人在进行存在囚徒困境的重复博弈，此时他们要丢硬币来决定该不该再进行下去。如果他们要等到硬币的正面朝上时才停手，那么这场博弈就等于没有一定会形成背叛的最后一次。

在没有最后一次的重复性博弈中，理想的结果是你保持使坏心，而对手保持用好心，但这种结果几乎不可能出现，更有可能的结果是双方都使好心。别忘了，在囚徒困境中，任何一个理性的人之所以会选择使好心，唯一的理由就是要诱使对手在下一次选择使好心。因此，如果要诱使对手选择使好心，一定要让他觉得只要他使坏，你就会跟着使坏。在博弈论的领域中，只有当使好心对自己有利时，局中人才会使好心。可惜的是，仅仅因为存在囚徒困境的重复博弈要一直进行下去并不表示局中人一定会一直善待对方。

背叛相信你的人是最容易的事，只不过当你背叛了他们以后，他们就不会再相信你。可是，如果背叛可以给你带来可观的短期利益，那么这样做就很值得。如果有两个博弈，它们都属于存在囚徒困境的博弈，在这两个博弈中，局中人都使坏心可以各得 5 分，都使好心则可以各得 10 分。双方希望见到的情况显然是彼此对对方好，而不是一直恶斗。当有一方背叛了对手时，这两个博弈的差异就会显现出来。当你使坏心、他使好心的时候，你的确可以占他一次便宜，但接下来你也将会陷入只占一次便宜的窘境，促使对手产生背叛的动机和行为。

再来看另一个例子。抽烟可以满足人一时的快感，却会导致以后的健康问题。对于只看眼前而不管未来的人来说，抽烟可能是理性的选择。同样，在存在囚徒困境的重复博弈中，背叛别人对眼前有帮助，对以后却会导致不良的影响。因此，当某个人越不重视未来时，他就越有可能在这样的重复博弈中背叛你。举例来说，可能破产的供应商或是考虑退休的律师就比较看重现在，而不重视未来，因为他已经不用考虑明天。因此，你应该更相信有未来可以期盼的人。

人的行为往往会透露出自己对现在与未来的重视程度。举例来说，你对于瘾君子的信任度应该大打折扣，因为他们显然只重视现在，不看重未来。相反，注意锻炼身体的人则愿意牺牲现在以换取未来的收益，所以相对来说他们不容易为了一时的所得而背叛你。

如果你相信有一个局中人不久之后就会欺骗你，你就没有必要去改变他的态度，因为他很可能基于自己的利益而对你使坏心。如果你怀疑对手总有一天会背叛你，最理想的做法也许就是先背叛他。

二、由重复博弈看历史上的“兔死狗烹”现象

中国的历代开国皇帝对功臣一向不太仁道，无论是替刘邦打天下的韩信，还是帮越王复国的文种，他们在帮助皇帝成功后，往往摆脱不了“兔死狗烹”的命运。原因是多方面的，但站在博弈学的角度来说，很重要的一个原因就是他们与开国皇帝的“重复博弈”已到了最后一次，功臣们对他已没有任何利用价值，这就像在菜市场买菜一样，当你是一个外地的生客，摊贩就会狠狠地“宰”你一把。

文种，名会，字子禽，原本是楚国人，曾做过楚国的南阳太宰。他在楚国干得好好的，为什么会跑到越国去？当时越国并不强大，且“文身断发，披草莱而邑”，文明程度也不高。到底是什么原因让他去了越国呢？全是因为范蠡。他敬慕范蠡的为人、胸襟与智谋，“特意驾车而往”，最终与范蠡结为知己。这纯粹是一种情感的驱动。

越王并不重用文种，直到夫椒之败，越王退于会稽以后。当文种以略带埋怨与讽刺的话语刺激越王时，不仅没遭到勾践的呵斥反而因此得到极大的尊重，这时文种竟有些受宠若惊。就像后来一个士兵感动于吴起将军为自己吮吸脓疮一样，文种对越王握着自己的手一同谈论国家大事而感到万分欣喜与激动。特别是当勾践和范蠡到吴国“卑事夫差”，把整个国家都交给文种的时候，这份巨大的信任就足以让文种为勾践死上几次了。文种似乎觉得，他不仅是越王的臣子，而且是老师，更是朋友与知己。所谓“万两黄金容易得，知音一个也难求”，既然有了知己，士就要为知己者而死，这似乎是很自然的事。

“十年生聚，十年教训。”在文种的帮助下，越兵终于横行天

下。范蠡给勾践写了辞职信，勾践那是百分之二百的挽留啊，但范蠡终究“乘舟浮海以行”。我们也由此可以推测当时越王留文种也有这样的诚意。因为范蠡和文种可谓是他的左膀右臂，范蠡掌军事，文种管政务，不可或缺。文种是那种对越王死心塌地的人，他留下辅佐是必然的事。范蠡当然了解好朋友的性格，走后给文种写了那封“飞鸟尽，良弓藏”的著名书信，并一再地告诫他：“越王为人长颈鸟喙，可与共患难，不可与共乐，子何不去？”文种尊重范蠡的意见，称病不朝；但他也相信越王，他不愿相信曾经的朋友与知己会以残酷的手段对待他。再说范蠡已经走了，自己如果再“归去来兮”，越王怎么办？他幼稚地在那里翻阅着他们情感的日历，终于不忍离越王而去。然而这是自掘坟墓。

越王在赐文种死的时候，竟然用了这样荒唐的理由：“先生您教寡人攻伐吴国有七种谋略。寡人用了其中的三种就灭了吴国，还有四种在您那儿，您替我到先王面前尝试一下那余下的四条吧！”不知当时文种会有什么样复杂的心理，是失望、悔恨、惭愧、无奈，还是兼而有之？又或许还有一种感激，因为有的时候君王杀人是不需要理由的，没有给他捏造个“莫须有”的罪名已是万幸了。

文种之死，充分证明当打拼江山时，功臣和人主彼此信任、互相支持、关系融洽、合作愉快，矛盾便被掩盖、淡化了，因为他们有共同的目标和利益。只不过人主要的是天下这整块“唐僧肉”，而功臣希望的是大功告成后人主能多分“一杯羹”。一旦天下已定，“唐僧肉”到手，先前的矛盾就凸显出来了，并且随着时间的推移而日益尖锐。在重复博弈中，已到了最后一次。为了自己的利益，人主们就会选择背叛，只不过他们背叛的方式不同罢了。刘邦、勾践选择了最毒辣的一种；光武帝可以给功臣封赏，但不让他们担任重要职务；赵匡胤通过“杯酒释兵权”让一些功臣“内退”。

当然，历史上也有不杀功臣，也不解除他们权力的帝王。如秦始皇、唐太宗等，其中一个原因是他们自己的功劳就很大，不怕功臣们造反，另一个原因是，他们还需要这些功臣来治国，人主还要与功臣们继续博弈下去。他们之间还有共同的利益，即治理好天下。

三、一次性博弈转化为重复博弈

现实中，有些人为了从供应商那里得到更多的优惠，本来就是一次性交易，他非得说我们公司以后还需要很多这样的配件，如果你价格优惠，我们每次都会找你订货，你看能不能给我们优惠点。这样的说法就把一次博弈说成了多次的重复博弈。让供应商们明白如果这次你“宰”了我，下次我就不来了，反正我手里还有大量的订单。这样，理性的供应商都选择以优惠的价格订立合同，以保持长期稳定地从他那里订货。

《笑林广记》中记载过一则这样的笑话：有一个人去理发铺理发，剃头匠给他理得很草率。理完后，这人却付给剃头匠双倍的钱，什么也没说就走了。一个多月后的一天，这人又来理发铺理发。剃头匠还记得他上次多付了钱，觉得此人阔绰大方，为讨其欢心，多赚点钱，服务便十分上心，周到细致，多用了一倍的工夫。理完后，这人便起身付钱，反而少给了许多钱。剃头匠不愿意了，说：“上次我为您理发，理得很草率，您尚且给了我很多钱；今天我格外用心，怎么反而少付钱了呢？”这人不慌不忙地解释道：“今天的理发钱，上次我已经付给你了；今天给你的钱，正是上次的理发钱。”说着大笑而去。

当合作关系存在某种自然而然的终点时，博弈反复进行的次数是一定的。运用向前展望、倒后推理的原则，我们可以看到，一旦再也没有机会进行惩罚，合作就会告终。但是，谁也不愿意落在后面，在别人作弊的时候继续合作。假如真的有人仍然保持合作，最后他就只能自认倒霉。

既然没人想倒霉，合作也就无从开始。实际上，无论一个博弈持续多长时间，只要大家知道终点在哪里，结果就一定是这样。

深谙策略思维者大都懂得瞻前顾后，避免失足于最后一步。假如他预计自己会在最后一轮遭到欺骗，他就会提前一轮终止这一关系。不过，这样一来，倒数第二轮就会变成最后一轮，还是没法摆脱上当受骗的问题。

现在，最后两个阶段的情形已经确定。早期进行合作根本无从实现，因为两个参与者已经决心在最后两个阶段作弊。这样一来，在考虑对策的时候，倒数第三步实际上就会成为最后一步。遵循同样的推理，作弊仍是一种优势策略。这一论证一路倒推回去，不难发现，从一开始就不存在什么合作了。

但是在这个故事中，剃头匠为什么会上当呢？在现实世界里，所有真实的博弈只会反复进行有限次，但正如剃头匠不知道客人下一次是否还会光顾一样，没有人知道博弈的具体次数。既然不存在一个确定的结束时间，那么这种合作关系就有机会继续下去，实现阶段性的成功合作。要想避免信任瓦解，千万不能让任何确定无疑的最后一轮出现在视野所及的地方。只要仍然存在继续合作的机会，背叛就会被抑制。

重复博弈下合作伙伴的选择

虽然在重复博弈下，自私的个体更容易走向合作，但这并不意味着我们对合作伙伴就不应加以选择了。在重复博弈中，我们应该尽量选择那些目光长远、注重未来发展的人合作，而不应该选择那些目光短浅、只注重眼前利益的人。有人说选择合作伙伴就应该像选老婆，要精挑细选。

那应该如何挑选合作伙伴呢?

一、看他的脾气、性格

人的脾气性格生来就很难改变，人的所作所为和性格有必然的联系，做生意切忌相互猜疑，爱嫉妒、易怒、反复、斤斤计较的人一定不能选作合作伙伴。同时那种有话闷在心里烂了也不说的人也不能选择。

二、看他的兴趣爱好

看人不能单凭某点就下结论，对兴趣爱好的观察是辅助的考察，爱好赌博和酗酒的一律要淘汰出去，作为对男性的考察也应该把他对异性的看法列在其中，好色的、爱鬼混的人也不能选择。

三、看他对事业的理解

有的人认为做事情就是做事情，没什么目的和看法，这种人短期合作倒还可以，长期合作就不太妥当了，胸无大志的人可能在新技术的引进和革新上给你添加不少的阻力。

四、看他过去的经历

人的经历是一笔财富，无论好或坏的经历都是其人生道路的组成部分，此项考察应该多注意他对生意门路的看法及他流露出的经商天赋。

五、从侧面了解他的为人

了解一个人，最好的办法就是走进他的朋友圈，看看他的朋友和身边的人对他的评价和看法。当然不要单单了解他朋友的评价，他的对头对他的评价或许更真实一些。

六、从他的消费习惯看他对钱的态度

一直以来，看一个人怎么花钱，就可以知道他是怎么挣钱的，有大手大脚花钱习惯的人要谨慎选择，挣多少钱就花多少钱甚至花没挣到的钱的人，一定不要选择。

七、从他对家庭的态度了解他的品德

不能做到关心家庭、爱护家庭、维护家庭的人尽量少合作，对父母不孝顺的人一定不能选择，对子女不关爱的人要谨慎选择。个人道德素质是他做事情的准绳，如果一个人在这些方面都做得很差，即使能力再强，难免也有倒戈的时候。

八、看他有没有共同进退的品质

有句话说得好，宁可要不能同苦能共甘的朋友，也不要能同苦不能共甘的朋友。好多合作走向失败不是因为在困难时期不能共患难，而是等富贵来了以后却相互算计，到头来更让人寒心。

九、从他的个人文化修养看他有没有独立做事情的决心

对合作者文化水平的考察虽然不是特别重要，但是为了长久发展，选择有一定文化涵养的合作者也显得格外重要。我们也可以这样分析，假如你不和他合作，他能不能单独做这个事情？假如你不和他合作他还有没有别人可以选择？

十、从他的综合实力看有没有合作的必要

要综合起来评价，凡是在性格、习惯、为人、处事、个人能力上有欠缺的人要妥善选择。对于合作者的选择应该坚持宁缺毋滥的原则。

重复博弈下的欺骗，合作还是合谋

在重复博弈中，我们当然希望双方都能为了组织的共同利益而奋斗。有些合作伙伴却为了自己的利益，与他人勾结起来损害组织的利益，这样合作关系就变成了合谋。

这种关系在委托代理关系中体现得尤为明显，如果代理人的合作行为不利于委托人，那么这种合作行为就被称作合谋行为。例如，两个员工互相帮助提高产量，是有利于委托人的，这是委托人所愿意激发的“合作”行为；两个员工相互勾结协商均不努力来骗取委托人的奖金，那么这种合作行为对委托人是有害的，被称为合谋行为。也就是说，合谋行为本身也是一种合作行为，却是损害委托人利益的合作行为。

现实中有很多潜在的合谋行为，或者潜在的合谋威胁。比如中低层员工可以联合起来蒙骗公司高层；大股东可以和管理层相互勾结掠夺中小投资者的利益；执法监察机构可以被收买而与违法企业沆瀣一气，警匪勾结、猫鼠共谋等社会现象也时有发生。那么，委托人又该如何防范合谋行为呢？首先必须承认的是，并不是每一种合谋我们都有办法解决，但是的确有一些防范合谋的基本思路。这些思路均可从我们现实的博弈中看到影子。

一种防范合谋的方法是设置标杆。假设一个老板让两名员工展开工作竞赛，为此老板设置了一笔奖金。员工的业绩会受到随机因素和其努力程度两方面的影响。显然，两个员工都努力，则各自赢得奖金的概率为50%，但都付出了辛苦的劳动；如果他们都不努力，则仍各自有50%的概率得到奖金，却不必付出辛苦的劳动。因此，他们有可能合谋不努力。而此时为了防止员工合谋，老板可以设置一个业绩标杆，即要求业绩达到某一个标准，才能获得奖金。两个员工合谋不努力就不再是最优的策略了。

防范合谋的另一个方法是设置虚拟竞争对手。这是在帝王时代皇帝控制外征将军的常用办法。当一个将军率军出征之后，皇帝怎么了解他的行动呢？怎么确保将军如实汇报军情呢？一个办法就是安排监军，对将军进行监督。但是，如果将军跟监军合谋起来蒙骗皇帝，那又该怎么对付呢？

皇帝常常会在军队中安排暗线对他们进行监督，将军和监军等却不知道谁是暗线。

利用过去的业绩也可以防范合谋。这在体育比赛中表现得最为明显。既然比赛是依靠相对成绩排座次，那么运动员就可以串通并付出较少的努力来平分奖金。但现实中几乎见不到这样的合谋。其原因就在于，拿到第一名对于一个运动员来说也许并不是最值得骄傲的事，而破纪录也许更令人激动。过去的纪录就成了现在运动员竞争的标准。这与标杆竞争类似。

在一个公司中，也可以利用过去的业绩来制定竞争的标准。如果生产技术发展较快，那么过去的业绩实际上很难成为一个很好的标准。此时，为防范员工合谋可引入同行业其他公司的业绩作为竞争标准。一般来说，企业内部员工容易合谋，但是本企业员工与其他企业员工合谋则相对困难得多，几乎不可能。

守信，博弈中制胜的因素

守信，是做人处事的基本原则，又是治理国家必须遵守的规范，它调节着人与人之间的关系，维系着社会秩序。做人需要守信，守信则赢得尊严；经商更需要守信，守信才可赢得市场。在你与对手进行博弈时，守信便成为对方对你采取什么策略的重要依据。

守信，就是对自己说的话负责，言必有信，一诺千金。如果我们失信于人，就等于贬低了自己的人格。从古至今，人们这么重视守信原则，其原因就是诚实和信用是人与人发生关系所要遵循的基本道德规范，没有守信，也就不可能有道德，所以守信是支撑社会道德的支点。但是有一个问题我们不得不认真面对，社会上为什么还有很多人不守信呢。

这是因为守信是相对的，当守信的成本与其价值失衡时，就会诱使人们做出种种不守信的行为来。

某烧烤店，在客人进店的时候，店老板以“海捕大虾”的噱头每份报价 38 元，等顾客结账的时候一份变成了一只，于是就有了吃一盘大虾得花上千元的结局。当顾客和他讲理时，店主不但不知悔改，反而对顾客拳脚相加。最终该商家被依法吊销营业执照。当然，在一定的道德规范、市场规则和社会监督下，有时即便守信的成本高于其价值，某些违背守信原则的动机，还是受到诸多社会因素的制约而不会变为实际行动。

就交易来说，守信虽然不能使交易双方增加收益，却能降低双方的交易成本。有些经济学家认为，由于利己主义动机，商人在交易时会表现出机会主义倾向，总是想通过投机取巧来获取私利，如故意不履行合约中规定的义务，曲解合约条款，以不对等信息欺骗顾客等。这样一来，为了尽量使自己不吃亏，在交易时双方就得讨价还价、调查对方的信用、想方设法确保合约的履行。于是，商业谈判、订立合约等活动的复杂程度越高，交易成本就越高。当交易成本过高时，交易就变得不值得了。可见，只有交易双方彼此守信，才能降低交易费用和提高交易的效率。

作为“经济人”，一个企业家诚实守信的品行也会给他带来好处，因为口碑较好的商人相对而言更容易得到商业伙伴的信任，从而以较低的成本实现交易，最终获取相对多的利润。一般来说，企业家原有的守信度越高，维持守信的成本也越高。

企业家的守信，更主要的是他们作为“经济人”的特性。作为一个“经济人”，他必然追求金钱或物质利益，而守信是获得财富的手段之一。从经济学原理来分析，企业家是否守信或在多大程度上坚持守信，取决于他们对守信投入的成本与相关收益的比较。

如果双方之间的交易是一次性的，结果通常会造成守信缺失；如果交易是经常且连续进行的，则不守信的代价就会高很多。连续的交易又因无限重复和有限重复而不同。如果 A 和 B 之间的交易是无限次数的，商界就会对不守信行为惩罚，以及给予信守诺言的行为以更多的回报。

设想博弈以 A 违约开始。到第二次交易时，B 会不信任 A，要么放弃交易，要么附加更多的条件，但这对双方都不利。他们会认识到，静态下的损人利己行为，在动态中将导致双方利益受损。如果交易继续进行下去，出于对合作终止可能给自己带来损失的担忧，到第三次交易时，A 会尝试遵守游戏规则。“你投我以桃，我必报你以李”，故在第四次交易中，B 就会信任对方。反之，如果 A 在第四次交易中对 B 第三次交易中发出的善意信号置若罔闻，则他必然会“你做初一，我做十五”，B 也会在第五次交易中继续违约，结果大家都讨不到好，则博弈再度陷入囚徒困境的僵局。

诚信是一种现代社会不可或缺的个人隐形资产，诚信的约束不仅来自外界，更来自我们的自律和自身的道德力量。

既然博弈要不断地持续进行下去，则囚徒困境结局绝非均衡。市场会通过不断自发进行的惩罚与激励，促使交易双方调整心态，争取通过双赢达成长期合作的关系。每个正常的人和企业都会理性地作上述演绎推理。于是我们就可发现，与其在第二次交易中遵守规则，还不如在第一次交易中遵守规则。因此我们可以得出结论：对于无限连续交易的博弈而言，每次交易的均衡表现为双方都遵守规则、守信，因而其结局最优。

值得注意的是，连续交易应划分有限连续和无限连续。就有限连续交易而言，虽然交易是重复进行的，但因次数有限，则每一次交易的均衡仍然与一次性的交易博弈相同，是囚徒困境式的次优结局。道理很简单。既然次数有限，则必定存在着最后一次的交易博弈。而在最后一次博弈中，不管你一诺千金也好，坑蒙拐骗也好，既不会遭受惩罚和损失，也不会获得奖励和利益，因为此次博弈结束后彼此就互不相干了。

我们可以设想一下，当一个人知道明天就要死去，他今天的守法动机还会像以往那样强烈吗？如此看来，最后一次交易博弈的情形几乎等同于一次性的交易博弈。那么倒数第二次交易博弈又如何呢？因为最后一次交易博弈已经确定就是囚徒困境式的结局，倒数第二次交易博弈不受最后一次博弈的约束。当你遵守规则时，不会在下一次受到奖励；当你违背规则时，也不会受到处罚。因此，倒数第二次的交易博弈同样与一次性交易博弈的性质无异，其均衡过程也必将出现囚徒困境。

在现实生活中，人们常常把“百年企业”“老字号”作为守信企业的代名词。其实，所谓“百年”和“老”的意思，从本质上看就是“无穷多次的重复”，这也印证了真正的守信是建立在无限重复的交易博弈基础之上的，类似“同仁堂”“稻香村”这样的金字招牌，就是由无数次守信经营的口碑所铸就的。

如何维持合作关系

在长期合作的博弈中，如何长久地维持合作伙伴关系是很重要的，在“囚徒困境”一章中，我们提到了“一报还一报”策略，只要对方背叛，另一方就进行报复，它虽然能防止对方背叛，却显得过于无情。用在合作博弈中，它强调的是，如果对方出现了一次背叛，我就永远不与他合作，这显然是一种不宽恕的策略。博弈论中将这种永不宽恕的策略称为冷酷策略。冷酷策略是试图通过毫不留情地惩罚对手，迫使对手不敢偏离合作的轨道，这看起来是一个好方法。但是这个策略有两个致命的问题：一是冷酷策略虽然严厉惩罚了对手，但实际上自己也会遭受到重创，对有一次背叛了合作的对手永不原谅，那么自己其实也就永远不可能再从这一对手身上得到合作的收益；二是如果对手只是偶然“失误”，并且失误之后很后悔，希望重新回到合作的轨道上来时，冷酷策略则拒绝给予对方重新合作的机会。

相比较，“先做好人，以牙还牙”则宽容得多，允许背叛合作的人重新回到合作的轨道上来。现实中人们的确也经常使用这样的策略：如果你坚持错误，我们就会孤立你；而若你改正了错误，我们仍欢迎你加入。

一次，楚庄王因为打了大胜仗，十分高兴，便在宫中设盛大晚宴，招待群臣，宫中一片热火朝天。楚庄王也兴致高昂，叫出自己最宠爱的妃子许姬为群臣斟酒助兴。忽然一阵大风吹来，蜡烛被风吹灭，宫中立刻漆黑一片。黑暗中，有人扯住许姬的衣袖想要亲近她。许姬便顺手拔下那人的帽缨并赶快挣脱开，然后许姬来到庄王身边告诉庄王：“有人想趁黑调戏我，我已拔下了他的帽缨，请大王快吩咐点灯，看谁没有帽缨就把他抓起来处置。”

庄王说：“且慢！今天我请大家来喝酒，酒后失礼是常有的事，不宜怪罪。再说，众位将士为国效力，我怎么能为了显示你的贞洁而辱没我的将士呢？”说完，庄王不动声色地对众人喊道：“各位，今天寡人请大家喝酒，大家一定要尽兴，请大家都把帽缨拔掉，不拔掉帽缨不足以尽欢！”等群臣都拔掉了自己的帽缨后，庄王再命人重新点亮蜡烛，宫中一片欢笑，众人尽欢而散。

3年后，晋国侵犯楚国，楚庄王亲自带兵迎战。交战中，庄王发现自己军中有一员将官，总是奋不顾身，冲杀在前，所向无敌。众将士也在他的带动下，奋勇杀敌，斗志高昂。这次交战，晋军大败，楚军大胜回朝。

战后，楚庄王把那位将官找来，问他："寡人见你此次战斗英勇异常，但寡人平日好像并未给过你什么特殊的好处，你为什么如此冒死奋战呢？"

那位将官跪在庄王面前，低着头回答说："三年前，臣在大王宫中酒后失礼，本该处死，可是大王不仅没有追究、问罪，反而还设法保全我的面子，臣深深感动，对大王的恩德牢记在心。从那时起，我就时刻准备用自己的生命来报答大王的恩德。这次上战场，正是我立功报恩的机会，所以我才不惜生命，奋勇杀敌，就是战死沙场也在所不辞。大王，臣就是三年前那个被王妃拔掉帽缨的罪人啊！"

一番话使楚庄王和在场将士大受感动。楚庄王走下台阶将那位将官扶起，那位将官早已泣不成声。

在这里，楚王就实行了"先做好人"的战略，面对臣子轻薄自己的爱妃，他不但没有实行报复，反而采取了宽容的做法，容忍了对方的背叛，而那位将官也知错能改，在战场中报答了楚王的不杀之恩。"先做好人，以牙还牙"的策略是先容忍对方的背叛，给对方一个改过自新的机会，如对方还不知错，就实行"以牙还牙"的报复打击，这样才能最大限度地团结一切可以团结的力量。

"先做好人，以牙还牙"，强调的是对不善意合作者的坚决打击，和对善意合作者偶犯错误的宽容。由此，让对方知道你是一个爱憎分明的人就显得尤为重要，也就是说，你会对背叛合作的人立即予以惩罚，但并不是恶意的反击，而是试图把对方拉回合作的轨道，而且你的行动应该表现得明白无误，要避免给人太过复杂的感觉。所以，在现实生活中，你应明确地向对方展示出你是一个有仇必雪、有恩必报的人。

重复博弈下的囚徒困境

假设甲、乙两个对手进行1000次囚徒困境博弈，会出现怎样的情形呢？

假如在整个博弈中，甲、乙都使坏，双方的效用都是1分。但要是甲、乙两个一直都不使坏，双方的效用就是2分。假如甲、乙其中一个开始使坏，对手就会跟着使坏，于是双方就会形成只得1分报酬的僵局。所以甲宁可先表达善意，希望乙也跟进，如果乙不使坏，甲的确可以占乙的便宜而使坏一回合。如果每次都是甲采取先动策略，那在最后一回合甲肯定要使坏，而乙很可能预知甲使坏而在前一回合就开始使坏。

既然如此，甲在第999回合应该怎么做？甲在第999回合选择使坏一定可以得到比较高的报酬。假如甲不想在第999回合选择使坏，唯一的理由就是为了让对手在第1000回合对自己不使坏。但前面已经论证，不管怎么样，乙在第1000回合都应该会使坏。因此，双方在第999回合都应该选择使坏。当然，这表示他们在第998回合也应该选择使坏。如果我们把这个逻辑一直往回推，就可以证明甲在第一回合就应该选择使坏。

因此，就算这个囚徒困境博弈进行1000亿次，只要这个博弈存在确定的最后一次，则理性的参与者在每个回合都会选择使坏。

博弈论认为，当两个博弈者陷入有限次重复性博弈中的囚徒困境时，他们一般会选择使坏。然而，经济学作为一门科学，自然就少不了实验这一环节。可是，就实验结果来说，当博弈者实际陷入有限次重复博弈的囚徒困境时，他们往往会善待对方，尤其是在前面几回合。理论与现实之间为什么会出现这种落差呢？

现实中我们会发现，人们的博弈并不像博弈论学者说的那样。当然，也可能是博弈论学者的假设出了问题。在生活中，有很多人都无比善良，但他们也不喜欢吃亏。例如，你认为对手一开始会选择善意，但你也觉得假如你开始对他使坏，他就会对你使坏，此时你应该怎么做才好？你或许应该选择不使坏，直到最后一次为止。当然，到了最后一次时，你有理由背叛你的对手。在有限次的重复博弈中，理性的双方之所以绝对不可能善待对方，原因就在于这最后一回合的背叛。既然理性的对手在第 1000 回合一定会背叛你，你在第 999 回合就应该背叛他。同样，既然你在第 999 回合会背叛他，他在第 998 回合就应该对你使坏，而这当然也表示你该在第 997 回合会对他使坏，依次类推，你们不会有任何一回合给对方留下善意的空间。

不过，要是你对对手的理性程度有所质疑，你可能会在第一回合选择善意，这并不意味着非理性对你的对手有利，而是表示“看起来非理性”对他有利。

事实上，就算你们两个都很理性，两人皆保持善意的结果还是有可能延续到最后一回合的。假如双方都很理性，但没有人能百分之百确定对方很理性，那么双方可能就会理性地选择善意，并持续到最后。

第十二章

优劣及双赢的选择：商场博弈

想在商场中获胜，不在于你有多强，而在于你如何扬长避短，如何认定自己的优势策略，如何让你的劣势策略所带来的不利影响降到最低，如何在优劣与双赢之间找到最佳的平衡点。

商场博弈中的谈判技巧

商场如战场。每一次谈判，大到耗资数亿元的企业并购、数千数百万元的招商代理，小到日常生活中的一次购物，对谈判双方都是一种挑战，是进攻与防守的过程，是维护和追求自身利益最大化的博弈。

一、既利己又兼顾公平原则

谈判当然要追求自身利益的最大化，但最终目的还是促进合作，因此一个优秀的谈判者应把谈判看作是一项经营性的事业，而不是当作一场争权夺利的战争。谈判正如我们前面谈论的那个“分钱”的故事一样，100元应该怎么分，在一方分配，另一方表决的情况下，如果一方的分配方案，另一方同意了，就按这个方案分，如果另一方不同意，这100元就充公。在这种情况下，如果你想把我置于死地或者一点不考虑我的利益，我干吗还要跟你合作呢？因此，谈判虽然以利己为目的，但问题是不考虑对方利益的利己主义常常导致合作不能顺利达成而无法真正实现利己的目的。而适当考虑对方利益的合作性利己主义，反而更可能实现利己的目的。因此，在谈判中适当地做出让步，实际上对于谈判者来说常常是更好的策略，至少这使谈判破裂的风险下降了不少。

> 一个成功的商业谈判往往需要建立在双方良好的关系基础上。在谈判前可以通过一些方式，如提前了解对方的背景，保持礼貌和尊重等，建立双方的良好关系。

我国加入世界贸易组织的漫长谈判历程，是通过让步最终达成合作的好例子，也是合作利己主义的很好体现。对于我国来说，加入世贸组织无疑是一件好事，因为成为世贸组织的一员后，就可以面临更少的外国出口配额限制，拥有成员国的最惠国待遇。但是我们也必须知道，如果不让世贸组织其他国家从我国的加入中得到好处，他们就不会投赞成票，所以我们需要付出一定的代价。事实上，我国加入世贸的谈判历程，正是一个各方逐渐让步的过程，但正是这样的让步使合作得以达成，而谈判各方都从合作中得到了好处。

当然，现实中也不乏因为不让步而最终损害自己的例子。一个典型的例子是20世纪80年代美国纽约市报业的兴衰变化。

当时，纽约报业工会领导人伯特伦·波厄斯早已作为一个“讨价还价不让步”的人而闻名全国。靠着两次使报业瘫痪的罢工，纽约的印刷工人赢得了一系列似乎成果卓著的合同。他们不仅涨了工资，而且还禁止报社采用诸如自动化排字之类的节约开支的措施。印刷工人们坚持目标，毫不退让，在谈判桌上可谓大获全胜。可是，报社却在经济上被穿了“小鞋”。三家大报不得以合并了。又经过一次长期的罢工，它们终于倒闭。纽约只剩下一家晚报和两家晨报，数千名报业工人无处谋生。谈判“成功”了，而“大获全胜”的一方却也因为对手的死亡而失去了饭碗。

二、谈判中的威胁是否可信

让步，是促成合作的一种方法。而谈判中有时也会使用与让步相反的方法，那就是宣称不让步来威胁对方。例如，在有些情况下，谈判的一方会向对方宣称：“要么你们在协议上签字，要么咱们宣布谈判破裂。我们不会再让步了，也不想再奉陪了。”这实际上是一个最后通牒式的提议，因为对方现在只有做出同意或不同意的选择。有时这种宣称可能还附带更大的威胁：“如果你不同意我的报价，我不仅要终止咱们的关系，而且还要对你采取报复措施。”

这样的强权恫吓当然会影响到谈判结果。但是，它仍然存在两个不可忽视的问题：一个问题是若使用不当则可能强化对立情绪；另一个问题是这样的威胁有可能是不可置信的——尤其是当谈判破裂对于恫吓者本身不利的时候。例如，在 100 元分配的最后通牒博弈中，提议者当然可以提出分给自己 99 元，分给对方 1 元，并且说："你不同意就拉倒。"如果回应者真的拉倒，那么他自己损失仅 1 元，而提议者将损失 99 元，那么他为什么要相信提议者会真的想拉倒呢？他为什么不可以反过来要挟提议者呢？比如他可以对提议者说："你最好至少分给我 30 元，否则我就会拒绝，让你一分钱也得不到。"当然，回应者的威胁本身也面临可信性的质疑，如果他要求的数额并不高，意味着他的威胁被付诸实践并不需要太大的代价，而提议者恐怕就不能对回应者的威胁置之不理。如果是这样，那么提议者的强权恫吓可能就不起作用了。就好像你在小商店买物品时，商店的小贩会"恫吓"你，这个物品在其他处买不到，而低于多少钱他是绝对不卖的，请自便。但是当你作势要离开时，他又常常叫住你给你一个更大的折扣。这说明他最后通牒式的价格提议其实并不可信。

那么，如何才可以使"不同意就拉倒"的威胁变得可信呢？一个办法是提议者应当长期累积较高的退出谈判的记录，这样他就可能形成一个强硬的声誉，从而使其"不同意就拉倒"的威胁变得可信。现实中确有这样的"提议者"，例如，一些有声誉的商场，店内的墙壁上常常写着"一口价""不二价""本店商品概不还价"。

三、谈判中的拖延策略

在谈判中，我们时常会看到双方僵持不下的场面，这时，双方既不想让谈判破裂，又想争取自身利益的最大化，在这种场面下，那些富有耐心、会在沉默中等待的人往往能争取到更大的利益。更好的耐心能够促成谈判成功，从而获得更大的利益。这在一些模拟实验中也得到了证实。

在模拟谈判中，谈判者似乎显示出一种近乎离奇的能力，即使能达成协议的范围很小，他们也能察觉到。不过，这个范围越小或者他们希望得到的补偿越多，则达成协议通常需要更长的时间。那些愿意等待较长时间又有耐心不断进行探索，看起来并不急于解决问题的谈判者，总是能成功。

博弈论学者 R. 泽克豪森曾组织过一次模拟谈判，他让以色列人和美国人分别扮演谈判的双方。他发现，由于以色列人对于通过谈判取得一项解决方案比较有耐心，所以他们的谈判成绩比美国人好。

在生意谈判上，最糟糕的就是对手掌握着时间的主动权。许多缺乏经验的谈判者之所以成绩很差就是因为他们不会应付这种情况，掌握不住谈判进程的节奏。他们担心时间拖得过长，担心对方退出谈判。时间固然是有价值的，确实也有不少人愿意用金钱去换取时间，但是谈判中大多数人还是会因为太急躁而没能做成一笔完美的交易。懂得如何在谈判中耐心等待，懂得该在什么时候争取利益，该在什么时候放弃利益，这是一个人生活中非常重要的能力。

如何与对手讨价还价

有一家外企招聘员工时出了这样一道题：要求应聘者把一盒蛋糕切成八份，分给八个人，但蛋糕盒里还必须留有一份。面对这样的怪题，有些应聘者绞尽脑汁也无法完成；而有些应聘者却感到此题很简单，把切成的八份蛋糕先拿出七份分给七个人，剩下的一份连蛋糕盒一起分给第八个人。应聘者的创造性思维能力在这道题的解决中就表现得很明显了。

分蛋糕的故事在很多领域都有应用。无论在日常生活、商界还是在国际政坛，有关各方经常需要讨价还价或者商量如何分配总收益，这个总收益其实就是一块大“蛋糕”。这块大“蛋糕”该如何分配呢？我们知道最可能实现一半对一半的公平分配方案，是让一方把蛋糕切成两份，而让另一方先挑选。在这种设置之下，如果切得不公平，得益的必定是先挑选的一方，所以负责切蛋糕的一方就得把蛋糕切得公平，这就是最后通牒博弈。

但是，这个方案极有可能是无法保证公平的，因为人们容易想象切蛋糕的一方可能技术不老到或不小心切得不一样大，从而使不切蛋糕的一方得到比较大的一半的机会增加。按照这样的想象，谁都不愿意做切蛋糕的一方。虽然双方都希望对方切、自己先挑，但是真正僵持的时间不会太长，因为僵持的损失很快就会比切蛋糕的损失大。也就是说，僵持的结果会得不偿失，会出现收益缩水的现象。

在现实生活中，收益缩水的方式非常复杂。很可能你争吵怎么分配时，蛋糕已经在那边开始融化了。因此，我们在生活中经常会看到这样的现象：桌子上放了一个冰激凌蛋糕，小娟向小明提议应该如此这般地分。假如小明同意，他们就会按照约定分享这个蛋糕；假如小明不同意，双方持续争执，蛋糕将完全融化，最后谁也得不到。

> 在商业谈判中，充分的准备工作是必不可少的。可以从多个方面准备，如了解对方的品牌、产品、市场和竞争情况，分析市场趋势和风险，争取更多的筹码和优势。

现在，小娟处于一个有利的地位：她使小明面临有所收获和一无所获的选择。即便她提出自己独吞整个蛋糕，只让小明在她吃完之后舔一舔切蛋糕的餐刀，小明的选择也只能是接受，否则他什么也得不到。在这样的游戏规则之下，小明一定不满足只能分到餐刀上的一点蛋糕，他一定要求再次分配。在这种情况下，分蛋糕的博弈就不再是一次性博弈。

事实上，当分蛋糕博弈成为一个“动态博弈”时，就形成一个讨价还价博弈的基本模型。在经济生活中，不管是小到日常的商品买卖还是大到国际贸易乃至重大政治谈判，都存在着讨价还价的问题。

有这样一个故事：某个穷困的书生A为了维持生计，要把一幅字画卖给一个财主B。书生A认为这幅字画至少值200两银子，而财主认为这幅字画最多只值300两银子，但双方都没有公开自己的心理价位。从这个角度看，如果能顺利成交，那么字画的成交价格会在200～300两银子。如果把这个交易的过程简化为：由B开价，而A选择成交或还价。这时，如果B同意A的还价，交易顺利结束；如果B不接受，那么交易就结束了，买卖也就做不成了。这是一个很简单的两阶段动态博弈的问题，应该用动态博弈问题的倒推法原理来分析这个讨价还价的过程。由于财主B认为这幅字画最多值300两银子，因此，只要A的还价不超过300两银子，财主B就会选择接受。但是，再从第一轮的博弈情况来看，实际上，A会拒绝由B开出的任何价格。如果说B开价290两银子购买字画，A在这一轮同意的话，就只能得到290两银子；如果A不接受这个价格，那么就有可能在第二轮博弈中提高到299两银子，B仍然会购买这幅字画。从人类的不满足心理来看，显然A会选择还价。

在这个例子中，如果财主B先开价，书生A后还价，结果卖方A可以获得最大收益，这正是一种后出价的“后发优势”。这个优势属于分蛋糕动态博弈中最后提出条件的人——几乎霸占整个蛋糕。

事实上，如果财主B懂得博弈论，他可以改变策略，要么后出价，要么是先出价但是不允许 A 讨价还价，如果一次性出价 A 不答应，就坚决不会再继续谈判来购买 A 的字画。这个时候，只要 B 的出价略高于 200 两银子，A 就会将字画卖给 B。因为 200 两银子已经超出了 A 的心理价位，一旦不成交，那一分钱也拿不到，他只能继续受冻挨饿。

这个博弈理论已经证明，当谈判的多阶段博弈是单数阶段时，先开价者具有“先发优势”，而双数阶段时，后开价者具有“后发优势”。这在商场竞争中是非常常见的现象：非常急切想买到物品的买方往往要以高一些的价格购得所需之物；急切于推销的销售人员往往是以较低的价格卖出自己所销售的商品。正是这样，富有购物经验的人买东西、逛商场时总是不紧不慢，即使内心非常想买下某种物品都不会在销售员面前表现出来；而富有销售经验的店员总是会劝说顾客，说“这件衣服卖得很好”“这是最后一件”“这件衣服非常适合您”之类的推销语。

商场中的讨价还价，正如书生 A 与财主 B 之间的卖与买一样，都是一个博弈的过程，如果能够运用博弈的理论，你定能够成为胜出的一方。

分销渠道选择的博弈分析

在传统的 4P 战略营销组合中，营销渠道占有越来越重要的位置。有人说，现在的市场不是厂商市场，而是中间商市场，中间商在沟通企业与用户的关系上发挥着重要的作用。这在家电市场表现得尤为明显，家电业在经历了近几年的价格大战后，逐渐认识到渠道已成为关键的竞争优势，从而走向了渠道竞争。

在网络经济时代，随着信息技术的快速发展，生存环境呈现出强烈的不确定性，对营销渠道的掌控已成为创造竞争优势的关键。而营销渠道是企业经营成功的关键因素，也是营销管理中非常重要的一环。在过去，营销渠道只是营销组合中后勤支援的角色，对于渠道管理上的探讨仅局限在生产商的权力、依赖、控制及冲突的解决等问题上，近年来经营者才开始注重渠道管理的重要性。

戴尔计算机通过它首创的“直线订购模式”回避了中间商，使其价格相对低廉，取得了很大的成功。宝洁通过与沃尔玛建立战略联盟开创了营销渠道的新变革，大大提升了双方的竞争力。

在渠道的博弈中一样存在局中人和支付的因素，渠道的参与者主要是制造商或供应商、经销商或批发商、零售商，而支付则主要是折扣的点数在不同参与者之间的分配。一旦利益分配出现矛盾，渠道商与制造商可能会分道扬镳。家电业的渠道博弈是最为激烈的博弈战，而格力与国美之战可称为经典案例，也值得家电制造商们学习和反思。

2004 年 2 月下旬，成都国美单方面大幅降低格力空调的售价，3 月 9 日国美总部下发《关于清理格力空调库存的紧急通知》，要求各地的分公司将格力空调的库存清理完毕。格力总部随即反击，于 3 月 10 日开始全线撤出成都国美的 6 个卖场。从此，拉开了格力和国美冷战的序幕。退出国美后的 2005 年，格力通过和其他渠道商合作，以及自身渠道(格力专卖店为主)的建设，销售收入增长近 40%。2006 年格力电器上半年销售收入超过 123 亿元，空调内销增长 19.28%，外销增长 76.67%，实现净利润 3.10 亿元，较上年同期增长 15.41%。格力自建渠道的成功经验，为家电制造行业摆脱终端压榨，寻找行业蓝海做出了有益的尝试。

海尔星级服务店、长虹 3A 形象店、创维 4S 店等，原本都是大企业“服务牌”的产物，后来随着市场变化，都逐渐向产品专卖旗舰店转变。

家电渠道的并购，将使国内渠道从多头竞争转向寡头竞争。国美、永乐的合并是渠道之间的合作，渠道商采取合作的形式控制大卖场，对供应商而言是相当不利的。由于渠道掌握着销路，所以一般而言，往往渠道更有发言权，在利益的分配中，渠道会得益更多，渠道之间的合作也加大了上游制造商的压力。国美、苏宁、大中等国内家电连锁巨头在一、二级市场的地位，已对家电制造商的利润带来很大威胁。而它们之间的或明或暗的博弈，除了扩大份额和保住利润外，还有一个共同目标，就是成为国内家电渠道的龙头。

随着商业不断发展，大渠道之间合作的案例不断增多，同时大渠道与供应商的合作也日益紧密。大供应商与大渠道商的合作，能更有效地控制市场。国美与格力的决裂无疑不是明智之举，在这场博弈中，双方都不是赢家，格力自建渠道也是迫不得已的行为，而国美则丧失了一个品牌供应商，相比之下，沃尔玛与宝洁的合作获得了双赢。

沃尔玛与宝洁的战略联盟一直是管理领域的经典案例，但沃尔玛后来引入了新的参与者，不仅提高自己的利益，也促使宝洁更努力地与沃尔玛合作，形成多赢的局面。美国的金佰利·克拉克公司是美国纸尿裤第一大品牌的生产商，是宝洁的主要竞争对手之一。1994 年，金佰利·克拉克公司开始为沃尔玛代工沃尔玛自有品牌的纸尿裤产品。金佰利公司为沃尔玛做代工，一方面可以巩固与沃尔玛的关系，得到沃尔玛更多的优惠，不但利于第一品牌在沃尔玛的销售，也利于公司其他产品的销售，另一方面提高了自己的产量，形成更好的规模效应，降低了产品的边际成本，直接提高了公司的竞争力。同时，公司还可以化解宝洁公司“帮宝适”品牌的新产品进入美国市场给自己带来的冲击。

对沃尔玛而言，低价的自有品牌提高了自己的竞争优势，与金佰利的合作也有利于提高自己的地位。同时，由于沃尔玛与宝洁的战略联盟给宝洁带来了巨大的利润，宝洁不可能终止与沃尔玛的合作，反而更积极地与沃尔玛合作，不断创新，更努力地创造竞争优势，直接与金佰利竞争，对金佰利形成更明显的优势。

渠道联盟可以提高渠道效率、降低渠道费用并且提高双方的竞争力。渠道联盟是企业渠道博弈参与者之间合作博弈的一种形式，是各渠道成员实现“共赢”的最佳策略之一。随着全球企业之间的竞争日趋激烈，世界的一些大型企业纷纷开始与它们的渠道成员合作，建立起渠道联盟，以提高自己的竞争力。

博弈中的定价策略

一个产品的传统营销包括价格、产品、渠道、促销四个部分，后来新营销理论又认为营销包括消费者、成本、便利和沟通四个部分。其实新理论中的消费者说的就是产品，因为现在随着产品愈加丰富，渠道不再为王，而消费者作为终端则直接决定着市场，一件产品卖得如何主要看产品是否符合消费者的需求。成本就是消费者要支付的价格，便利则是渠道，沟通说的则是传统营销法则里的促销。

不管营销法则如何变化，把产品卖出去无非还是这四个方面。企业进行市场竞争可采用的策略有许多，但至少可从这四个方面入手。例如，加强广告宣传和形象设计、提高产品质量、强化服务、开发新产品等。但为什么企业对降低商品销售价格情有独钟呢？为什么价格战总是连环上演？这是因为，实施策略需要成本，尽管策略本身是信息集上的函数，但损益函数是策略的函数，其中包含两部分，一部分是实施策略的收益，另一部分是实施策略的成本。实施策略的收益可以通过销售收入的增加或减少来体现，因而是可度量的，而实施策略的成本则是通过追加投入或减少投入来体现的。虽然它们都可以通过货币形式来表现，不过实施其他策略，其成本是时间的函数，数量上不能达到完全控制的状态。而在降价策略下，价格一旦确定，成本一般是固定的，而且易于控制。此外，降价策略实施的结果具有同步反应的特征，这就是通常所说的见效快。产品降价策略实施后，如果被消费者认可，那么其正向效果很快会以销售量的增加而显示出来。

> 定价基本策略，是企业在特定的定价目标指导下，依据对成本、需求及竞争等状况的研究，运用价格决策理论，对产品价格进行计算的具体方法。

降价策略而引发的“价格战”也并非完全不可取，但这是有条件的。诸如某些特殊的衰退产业或某一产业内的产品处于更新换代时期，或者该产业产品的需求对价格的弹性足够大等。如果从另一个角度来看，价格作为一把利剑，在竞争过程中，必然会有部分企业因自己的承受能力和成本有限，经受不住激烈的竞争，最终被挤出该行业。这样，相应地就会有其他企业因市场占有率提高和采用兼并等手段扩大自己企业的经营规模，于是整个行业的生产集中度也就提高了。即使如此，价格战的采用仍需慎重，因为价格毕竟是有限度的，而靠价格优惠支撑起来的市场份额和消费者的信任也是有限的。

那么怎样在市场竞争中制定合适的价格策略呢？用什么工具给产品定价呢？一般情况下应本着这样一个原则，即阻止竞争者进入抢占市场份额。

例如，一家公司将其产品价格定得很低，以至于后进入的竞争对手发现所剩下的消费需求不足以使它赢利，而选择不进入该市场时，前一家公司就成功地运用了阻止竞争者进入的定价策略。为了给潜在进入者发出本公司是非常低成本的生产商的信号，制定一个相对较低水平的价格是非常值得的。当然，这在短期内可能会降低公司的利润水平，但由于这使公司与进入者竞争的可能性减少，因而从长期来看，采取足以阻止对手进入的较低价格策略所取得的收益更为稳定。

对于抢占市场份额，国美电器的例子最容易说明问题。国美电器有限公司成立于 1987 年 1 月 1 日，是一家以经营各类家用电器为主的全国性家电零售连锁企业。1995 年，国美采用标准化、可复制的家电连锁经营模式，开创了中国家电零售连锁经营模式的先河。多年来，国美电器始终坚持“薄利多销、服务争先”的经营策略，把规模化的经营建立在完善的售后服务体系基础之上，从而受到了广大消费者的青睐。自 1998 年加入国家信息产业中心和国家统计局等单位的商业信息网络以来，国美电器公司的彩电、空调机、影碟机等产品的销售统计每年均高居全国同行业的榜首。

在吸取国际上连锁超市成功经验的基础上，国美电器结合中国市场特色，逐步确立了“建立全国零售连锁网络”的经营战略。2003 年 11 月，国美在香港地区开设了第一家分店，2004 年，国美进入国际市场，逐步树立国美的国际商业品牌。2009 年，国美入选中国世界纪录协会“中国最大的家电零售连锁企业”。截至 2021 年 6 月 30 日，国美线下实体门店数量为 3895 家，遍布全国 500 多个城市，会员人数超过 2 亿。

总之，在当今竞争激烈的市场角逐中，任何一个企业，要想稳步地占据一定的市场份额，以达到平稳快速的发展，除了产品质量和服务过硬之外，科学的定价策略是必不可少的，这是博弈竞争中制胜的重要环节。

先报价还是后报价

在商务谈判中，经常涉及先报价还是后报价的问题，有些是规定性的，如在拍卖市场，往往由卖方先定一个底价，然后由买方报价。有些却体现了一定的策略性。

竞争性谈判一般是一个零和游戏，这样的谈判可能会产生挤牙膏式的压力，使对方永远存在压价或抬价的幻想。在谈判中，共赢是最理想的结果，而合作性的谈判是一个共赢的游戏。但是，所谓的共赢，也是一个非常危险的词汇。即使是一个共赢的买卖，你的谈判空间仍然很大，天平依然会偏向其中一方。

多年前，在美国彼得斯堡的一家美式足球俱乐部里，发生了一场很有意思的球员薪水谈判。球员弗兰克的经纪人要求弗兰克当年的年薪达到52.5万美元，老板同意了。接着经纪人要求这笔年薪必须被保证，老板也同意了。然后，经纪人要求第二年弗兰克的年薪达到62.5万美元，老板思考后也同意了。然后，经纪人又要求这笔年薪也必须被保证，老板这下不干了，并且否定了之前谈妥的所有条件。谈判彻底谈崩了，弗兰克最后转会到西雅图的一个球队效力，年薪只有8.5万美元。而真正的关节点在于，“谈判是一个战略性沟通的过程”。你必须很好地控制谈判过程。在任何一个谈判中，你都不能只关注所谈的内容，而忽略了谈判到了什么地步。

谈判是一门艺术。这种艺术的成功并不是消灭冲突，而是如何有效地解决冲突。因为每个人都生活在一个充满冲突的世界里，这就需要博弈的思维，如果你能熟练运用博弈的思维，那么你就会在这场谈判中成为一个真正的成功者。

在商务谈判中，价格、交货期、付款方式及保证条件是谈判的主要内容，谈判的焦点是价格因素，而报价是其中不可或缺的环节。但究竟是哪一方先报价？先报价好还是后报价好？有没有其他一些好的报价方法？这都是谈判中应该考虑的问题。

一般来说，发起谈判者应该先报价，投标者与招标者之间应由投标者先报，卖方与买方之间应由卖方先报价。先报价的好处是能先发制人，把谈判限定在一定的框架内，最终在此基础上达成协议。例如，你报价一万元，那么，对手很难奢望还价至一千元。南方一些地区的服装商贩，就大多采用先报价的方法，而且他们报出的价格，一般要高出顾客拟付价格的一倍乃至几倍。1 件衬衣如果卖到 60 元，商贩就心满意足了，而他们却报价 160 元。考虑到很少有人好意思还价到 60 元，所以，一天中只需要有几个人愿意在 160 元的基础上讨价还价，商贩就能赚钱。

当然，卖方先报价也得有个“度”，不能漫天要价，使对方不屑于谈判。假如你到市场上问小贩鸡蛋多少钱 1 斤，小贩回答 300 元 1 斤，你还会费口舌与他讨价还价吗？先报价虽有好处，但它也泄露了一些情报，使对方听了以后，可以把心中隐而不报的价格与之比较，然后进行调整：合适就拍板成交，不合适就利用各种手段砍价。

美国著名发明家爱迪生在某公司当电气技师时，他的一项发明获得了专利。公司经理向他表示愿意购买这项专利权，并问他要多少钱。当时，爱迪生想：只要能卖到 5000 美元就很不错了。但他没有说出来，只是对经理说：“您一定知道我的这项发明专利对公司的价值了，所以，价钱还是请您自己说一说吧！”经理报价道：“40 万美元，怎么样？”还能怎么样呢？谈判当然是没费周折就顺利结束了。爱迪生因此获得了意想不到的巨款，为日后的发明创造提供了资金。

先报价和后报价都各有利弊。谈判中是决定“先声夺人”还是选择“后发制人”，一定要根据不同的情况灵活处理。如果你准备充分，知己知彼，就要争取先报价；如果你不是行家，而对方是，那你要沉住气，后报价，从对方的报价中获取信息，及时修正自己的想法；如果你的谈判对手是个外行，那么，无论你是“内行”或者“外行”，你都要先报价，力争牵制、诱导对方。自由市场上的老练商贩，大都深谙此道。当顾客是一个精明的家庭主妇时，他们就应采取先报价的战术，准备着由对方来压价；当顾客是个毛手毛脚的小伙子时，他们多半先问对方“给多少”，因为对方有可能报出一个比商贩的期望值还要高的价格。

先报价与后报价属于策略方面的问题，而一些特殊的报价方法则涉及语言表达技巧方面的问题。同样是报价，运用不同的表达方式，其效果也是不一样的。下面举例说明。

某保险公司为动员液化石油气用户参加保险，宣传说：参加液化气保险，每天只需交保险费 1 元，若遇到事故，则可得到高达 1 万元的保险赔偿金。这种说法，用的是“除法报价”的方法。它是一种价格分解术，以商品的数量或使用时间等概念为除数，以商品价格为被除数，得出一个很小的数字，使买主对本来不低的价格产生一种便宜、低廉的感觉。如果说每年交保险费 365 元的话，效果就差得多了。因为人们觉得 365 是个不小的数字。而用“除法报价法”说成每天交 1 元，人们听起来在心理上就容易接受了。

由此想来，既然有“除法报价法”，也会有“加法报价法”。有时，怕报高价会吓跑客户，就把价格分解成若干次渐进提出，使若干次的报价，最后加起来仍等于当初想一次性报出的高价。例如，文具商向画家推销一套笔墨纸砚。如果他一次报高价，画家可能不买。但文具商可以先报笔价，要价很低；成交之后再谈墨价，要价也不高；待笔、墨卖出之后，接着谈纸价，再谈砚价，这时抬高价格。画家已经买了笔和墨，自然想“配套成龙”，不忍放弃纸和砚，在谈判中便很容易在价格方面做出让步了。

采用“加法报价法”，卖方依仗的多半是所出售的商品具有系列组合性和配套性。买方一旦买了组件 1，就无法割舍组件 2 和组件 3 了。针对这一情况，作为买方，在谈判前就要考虑商品的系列化特点，谈判中及时发现卖方“加法报价”的企图，挫败这种“诱招”。

此外，谈判双方有时出于各自的打算，都不先报价，这时，就有必要采取激将法让对方先报价。激将的办法有很多，这里仅仅提供一个怪招——故意说错话，以此来套出对方的消息情报。假如双方绕来绕去都不肯先报价，这时，你不妨突然说一句：“噢！我知道，你一定是想付 30 元！”对方此时可能会争辩：“你凭什么这样说？我只愿付 20 元。”他这么一辩解，实际上就先报了价，你尽可以在此基础上讨价还价了。从以上的叙述中可以看出，商业谈判中的报价与商品的定价是有些雷同的，从某些方面也可以说，谈判中的报价就是一种变相的商品定价。

第十三章 资本增值的方法：投资领域内的博弈

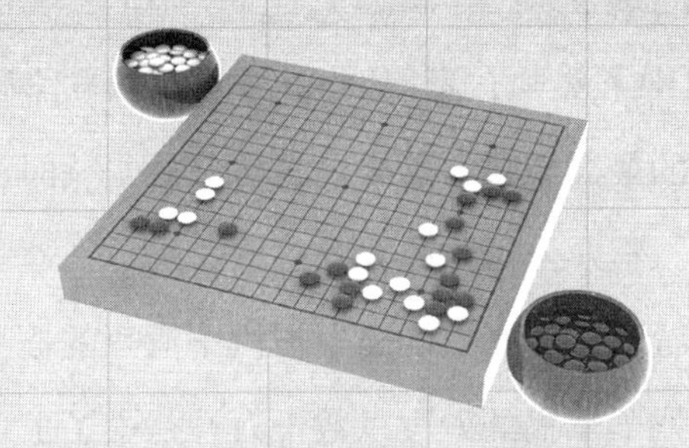

如果能把世界上的人分为两种，那就是抓住机会的人和抓不住机会的人。在投资中赢利不完全靠运气，要想赚钱，就必须掌握对手的策略。股市有规律、市场有法则，不管你投资哪个领域，并购或是创业，只要用心摸索，定能循着规律化险为夷。

彩票、赌博及投资的关系

彩票、赌博及投资的目标是一样的，就是为了使钱增值，赚取更多的利润。只是它们实现的方法不同罢了。

美国加州一名妇女买彩票中了头奖，赢得 8900 万美元的奖金，创下加州彩票历史上个人得奖金额的最高纪录。这个消息传开后，一时之间很多人跃跃欲试，纷纷去买彩票，彩票公司因此大赚一笔。

然而，从概率论的角度来看，在买彩票的路上被汽车撞死的概率远高于中大奖的概率。每年全世界死于车祸的人数以数十万计，中了上亿美元大奖的却没几个。在死于车祸的人中，有多少是死在去买彩票的路上呢？这恐怕难以统计，因而“死于车祸多于中奖”也成了无法向当事人调查取证的猜想。

从概率论看，“买彩票路上的车祸”和普通的车祸是完全不同意义的事件，是有条件的概率，这个概率是建立在“买彩票”和“出车祸”两个条件上的概率。不管怎么说，这都应该是一个极小的概率，它的概率比中大奖的概率居然还大，可见中大奖的难得和稀奇。但买彩票的人比参与赌场赌博的人多得多，不能不说很多人缺乏理性的思考。通常，赌场的赔率是 80% 甚至更高，而彩票的赔率还到不了 50%，也就是说买彩票还不如去赌博。很多人却热衷于买彩票，渴望一夜暴富，一下改变命运。精明的商家，不在每件商品上打折，而推出购物中大奖之类的活动，也和卖彩票异曲同工，既节约成本，又满足了顾客的侥幸心理。

实际上，买彩票中奖的概率远比掷硬币，连续出现 10 个正面的“可能性”小得多。如果你有充裕的空闲时间，不妨试试，拿一枚硬币，看你用多长时间能幸运地连续掷出 10 个正面。实际上，每次抛掷时，你都“幸运”地得到正面的可能性是 1/2，连续 10 次下来都是正面的概率是 10 个 1/2 相乘的积，也就是 $(1/2)^{10}=1/1024$。想想看，千分之一的概率让你碰上了，难道不需要上千次的辛勤抛掷做后盾吗？

赌博就是赌概率，概率的法则支配所发生的一切。相信概率，就不会对赌博里的输赢感兴趣，因为无论每一次下注是输还是赢，都是随机事件，背后靠的虽然是你个人的运气。但作为一个赌客整体，概率却站在赌场这一边。赌场靠一个大的赌客群，从中抽头赚钱。而赌客，如果不停地赌下去，构成了一个大的赌博行为的基数，每一次随机得到的输赢就没有了任何意义。在赌场计算机背后设计好的赔率面前，赌客每次下注，都没有意义了。

概率里还有一个重要的概念——事件独立性。在很多情况下，人们因为前面已经有了大量的未中奖人群而去买彩票或参与到累计回报的游戏，殊不知，每个人的“运气”都独立于他人的“运气”，并不因为前人没有中奖你就多了中奖的机会。

设想一下，前面 10 个人抛硬币，没有一个人抛出了正面，现在轮到了你，难道你抛出正面的可能性就大于其他人？抛硬币出现正反的决定性因素是硬币的质地和你的手劲，每个人抛的那一次，都“独立”于其他人。拉斯维加斯的很多赌场，老虎机上都顶着跑车，下面写着告示，告诉赌客已经有多少人玩了游戏，车还没有送出，只要连得三个大奖，就能赢得跑车云云。但得大奖的规则并无变化，你是否幸运，和前面的“铺路石”毫无关系。

从某种意义上来说，赌博和投资并没有严格的分界线。这两者的收益都是不确定的。其次，同样的投资工具，比如期货，你可以按照投资的方式来做，也可以按照赌博的方式来做——不做任何分析，孤注一掷；同样的赌博，比如赌马，你可以像通常人们所做的那样去碰运气，也可以像投资高科技产业那样去投资——基于细致的分析，按恰当的比例下注。

但是赌博和投资也有明显不同之处：投资要求期望收益一定大于 0，而赌博不需要，比如买彩票、赌马、赌大小等期望收益就几乎等于 0；支撑投资的是关于未来收益的分析和预测，而支撑赌博的是侥幸获胜心理；投资要求回避风险，而赌博是找风险；一种投资工具可能使每个投资者获益，而赌博工具不可能。

投资也是一种博弈——对手是“市场先生”。但是，评价投资和评价通常的博弈，比如下围棋，是不同的。下围棋赢对手一目和赢一百目结果是相同的，而投资赚钱则是越多越好。由于评价标准不同，策略也不同。

对于赌大小或赌红黑那样的赌博，很多人推荐这样一种策略：首先下 1 元（或 1%），如果输了，赌注加倍；如果赢了，从头开始再下 1 元。理由是只要有一次赢了，你就可以扳回前面的全部损失，反过来成为赢家——赢 1 元；有人还认为它是一种不错的期货投资策略。实际上，这是一种糟透了的策略。因为这样做虽然胜率很高，但是赢时赢得少，输时输得很多——可能倾家荡产，期望收益为 0 不变，而风险无限大。不过，这种策略对于下围棋等博弈倒是很合适，因为下围棋重要的是输赢，而不在于输赢多少。

客观地说，人并不是都会理性地决策。人们的视角不同，其决策与判断是存在“偏差”的。因为，人在不确定条件下的决策，不是取决于结果本身，而是结果与设想的差距。也就是说，人们在决策时，总是会以自己的视角或参考标准来衡量，以此来决定决策的取舍。

一个赌徒去赌场，随身带了 3000 美元，赌客赢了 100 美元，这时要求他离开赌场可能没什么。如果输了 100 美元，这时同样要求他离开可能就很难了。虽然赢 100 美元时身上的现金为 3100 美元，输 100 美元时身上的现金为 2900 美元，但这两种情况下赌客的感觉和 3100 美元、2900 美元并没有多大关系，而是和赢 100 美元还是输 100 美元有关，即人们对财富的变化十分敏感。而且一旦超过某个“参照点”，对同样数量的损失或盈利，人们的感受是相当不同的。在这个“参照点”附近，一定数量的损失所引起的价值损害（负效用）要大于同样数量的盈利所带来的价值满足。简单地说，就是输了 100 美元所带来的不愉快感受要比赢了 100 美元所带来的愉悦感受强烈得多。

当然，人的冒险本性和总希望有意外惊喜的本性，使买彩票等活动可以作为一种娱乐。如果把它作为一种事业，贪婪、侥幸，带着一夜暴富的贪心，那就不是小赌怡情了，而是将娱乐变为痛苦。

赌博的心态在投资领域也经常出现，有时候人们本能地认为投资本身就是一场赌博。有人投资赚钱，有人投资赔钱，人们认为这是运气因素。其实不全是，除运气因素外，投资还需要理智的分析，很多人投资赔钱，很大程度上是被赚钱的欲望冲昏了头脑而缺乏理智的分析造成的。

股市中的博傻理论

巴菲特曾说过，千万不要把钱用来储存，钱是用来生钱的，股市只相信钱，即使是傻子，只要他肯投资，也可以赚到钱。

在资本市场中就有这样一种博傻理论，它由经济学家凯恩斯创立。说的是人们之所以完全不管某个东西的真实价值而愿意花高价买它，是因为他们预计会有一个更笨的笨蛋愿意花更高的价格从他们那儿买走。

博傻理论所要揭示的就是投机行为背后的动机，投机行为的关键是判断“有没有比自己更笨的笨蛋”，只要自己不是最大的笨蛋，那么自己就一定是赢家，只是赢多赢少的问题。如果再没有一个愿意出更高价格的更笨的笨蛋来做你的“下家”，那么你就成了最笨的笨蛋。可以这样说，任何一个投机者信奉的无非是“最笨的笨蛋理论”。

1908—1914年间，经济学家凯恩斯为了能够专注地从事学术研究，免受金钱的困扰，曾出外讲课以赚取课时费，但课时费的收入毕竟是有限的。于是他在1919年8月，借了几千英镑去做远期外汇这种投机生意。

仅仅4个月的时间，凯恩斯净赚1万多英镑，这相当于他讲课10年的收入。但3个月之后，凯恩斯把赚到的利润和借来的本金输了个精光。7个月后，凯恩斯又涉足棉花期货交易，再次大获成功。凯恩斯把期货品种几乎做了个遍，而且还涉足股票。到1937年他因病而“金盆洗手”的时候，已经积攒起一生享用不完的巨额财富。

与一般赌徒不同，作为经济学家的凯恩斯在这场投机的生意中，除了赚取可观的利润之外，最大也是最有益的收获是发现了“最笨的笨蛋理论”，即博傻理论。

到底什么是博傻理论呢？凯恩斯曾举过这样一个例子：

从100张照片中选出你认为最漂亮的脸，选中的有奖。但确定哪一张脸是最漂亮的脸要由大家投票来决定。

试想，如果是你，你会怎样投票呢？此时，因为有大家的参与，所以你的正确策略并不是选自己认为最漂亮的那张脸，而是猜多数人会选谁就投谁一票，哪怕她在你心中一点也不美。在这里，你的行为是建立在对大众心理猜测的基础上而并非是你的真实想法。

投机行为建立在对大众心理的猜测之上。炒房也是这个道理。比如说，你不知道某套房的真实价值，但为什么你会以5万元每平方米的价格去买呢？因为你预期有人会花更高的价钱从你那儿把它买走。

所以，关于股市的博傻理论，我们要懂得，理性博傻能够赢利的前提是，有更多的傻子来接棒，这就是对大众心理的判断。当大众普遍感觉当前价位已经偏高，需要撤离观望时，市场的真正高点也就真的来了。“要博傻，不做最傻”，这话说起来简单，但做起来不容易，因为到底还有没有更多更傻的人是不容易判断的。一不留神，理性博傻者就容易成为最傻者。所以，要参与博傻，必须对市场的大众心理有比较充分的研究和分析，并控制好心态。

证券市场中的随机游走理论

有这样一个经典的笑话在证券投资领域中很流行，说的是那些殚精竭虑的经济学家们通过严密的数据计算，精心挑选出来的投资组合，与一群蒙住双眼的大猩猩在股票报价表上用飞镖胡乱投射所选中的股票在投资收益率上几乎相等。这也就是说无法通过对历史数据的分析来预测股价未来的走向。这就是著名的“随机游走”理论。

在随机游走理论中，股价有一个均值，未来股价不可预期，随着干扰因素的影响，股价不断波动。在这种情况下，这种股价的变化就像一个“醉汉”在路上横行。在每一时刻，他既可能往左走一步，也可能向右走一步。尽管这个股价总围绕着均值上下徘徊，但时间越长，他离均值就可能越远。如果证券价格是服从“随机游走”理论的，那么这个金融市场就是有效的。

在这种情况下，所有的金融工具都能准确、及时地反映出各种信息。也就是说，各种证券都能被准确地定价，任何人与机构都不可能准确地预测证券未来的价格。这样，就不存在入市的最佳时机，也不存在股票选择，更不存在金融分析。那种追求赌博带来的刺激与兴奋的人与小心翼翼地分析并选择金融资产的理性的投资者也没有任何区别。然而，事实上，在金融市场中，几家欢喜几家愁，总有人大发横财，也有人倾家荡产，其中的原因并不都是命运，巴菲特、索罗斯就是例子。

金融市场并不完全满足随机游走的有效金融市场理论，对预期收益率、预期利率及一切有关信息的估计，往往有超常规的放大效应，这使金融资产如股票的价格不仅变换频繁，而且往往带有惊人的震荡幅度。比如 2020 年发生新冠肺炎疫情后，美国不少企业倒闭，数百万美国人被迫失业，旅游和酒店等行业一夜之间崩溃。据报道，2020 年 3 月 16 日，道琼斯平均工业指数经历了历史上最大的点位跌幅，单日下跌近 3000 点，市场信心极度下滑。疫情缓解后的好长时间，金融市场才渐趋平稳。然而 2022 年以来，俄乌爆发战争，随着冲突的持续发酵，天然气和电力等能源价格的猛涨，全球通胀大幅上扬，这不仅对俄乌经济造成重大影响，对世界金融市场的冲击和影响也是不言而喻的。

曾记得，在亚洲金融危机中，不少国家的股票指数都有一天跌破 10% 的情况。这种现象，亚洲金融危机的始作俑者索罗斯在他所著的《开放社会——改革全球资本主义》中是这样描述的："我把历史解释成一个反射过程，在这个过程中，参与者带有偏见的决策与一个超出他们理解力的现实相互影响。这种相互影响能够自我加强或自我矫正。一个自我加强的过程不可能永远持续下去而不受到现实世界极限的制约，它却可以持续足够久远，以至于给现实世界带来重大的变化。当它不能朝着原有的方向发展下去时，就会进入一个相反方向的自我加强过程。"

在现实中，金融市场往往具有一种放大机制。因为过去的价格增长会增强投资者的信心与期望，这些投资者又进一步哄抬股价以吸引更多的投资者，这种循环不断运行下去，造成一种过激反应。从心理学角度来看，这种现象就是，人们在任何领域获得成功之后，总会有一种自然倾向，即采取行动来求得更大的成功，并不断继续下去。在这种情况下，最初的价格上涨导致了更高的价格上涨，因为投资者的需求增加，最初价格上涨的结果又反馈到更高的价格中去。第二轮的价格上涨又反馈到第三轮中，接着反馈到第四轮，依次类推。最初价格上涨的诱发因素被放大很多倍。一旦需求在某个时刻达到顶点，整个泡沫瞬间就会崩溃。

在所有反馈机制下的泡沫中，最典型的莫过于庞氏骗局（或称金融金字塔骗局）。在一个庞氏骗局中，骗局制造者向投资者许诺，投资便能得到极高的收益率，但投资者付出的投资根本没有被投向任何真正的资产。相反，骗局制造者将第二轮投资者的部分资金支付给第一轮的投资者，又将第三轮投资者的部分资金支付给第二轮的投资者，依次类推。在最初的投资者赢利之后，他们的成功将会激发更多的投资者参与这个骗局。当赢利者越来越多，参与者越来越多时，最终整个金字塔不堪重负，轰然倒下，最后一轮的参与者将是整个骗局损失的最终承担者。

庞氏骗局的过程形象地描述了金融市场中由于人的非理性心理因素而导致的投机性泡沫不断扩大并最终破灭的整个过程。

与“市场先生”博弈

在股票市场上进行股票交易，是典型酒吧博弈中的混沌状态。市场上有那么多人买入和卖出，自己账户外的每一个人都是自己的竞争对手，面对如此多的竞争对手，实在觉得茫然无措。所以必须对股市竞局的局面进行简化，把多方简化为少数的几方。

巴菲特曾假设过，在股市中存在一个“市场先生”。设想你在与一个叫“市场先生”的人进行股票交易，每天“市场先生”一定会提出一个他乐意购买你的股票或将他的股票卖给你的价格。“市场先生”的情绪极不稳定，因此，在有些日子里“市场先生”很快活，他只看到眼前美好的日子，这时“市场先生”就会报出很高的价格，其他日子，“市场先生”却相当懊丧，因为他只看到眼前的困难，报出的价格很低。另外“市场先生”还有一个可爱的特点，他不介意被人冷落，如果“市场先生”所说的话被人忽略了，他明天还会回来同时提出他的新报价。“市场先生”对我们有用的是他的报价，而不是他的智慧，如果“市场先生”看起来不太正常，你就可以忽视他或者利用他这个弱点。如果你完全被他控制，后果就不堪设想了。

虽然沃伦·巴菲特是以投资著称于世的，但他实际上是一个深谙股市博弈之道的人，他很清晰地阐述了按博弈观点考虑问题的思路。他的模型把股市竞局简化到了最简单的程度——一场他和“市场先生”两个人之间的博弈。局面非常简单，巴菲特先生要想赢就要想办法让“市场先生”输。那么巴菲特先生是怎样令“市场先生”输掉的呢？他先摸透了“市场先生”的脾气，他知道“市场先生”的情绪不稳定，他会在情绪的左右下做出很多错误的事，这种错误是可以预期的，它必然会发生，因为这是由“市场先生”的性格所决定的。巴菲特在一边冷静地看着“市场先生”的表演，等着他犯错误，由于他知道“市场先生”一定会犯错误，所以他很有耐心地等待着，就像我们知道天气变好后飞机就会起飞，我们就会一边看书一边喝着咖啡在机场耐心等待一样。所以，巴菲特战胜“市场先生”靠的是洞悉他的性格弱点。所谓“市场先生”，就是除自己之外，所有股民的总和，巴菲特洞悉了“市场先生”的弱点，其实也就是洞悉了股民群体的弱点。

在巴菲特面前，“市场先生”像个蹩脚且滑稽的演员，徒劳地搞出一个又一个噱头，却引不起观众的笑声，帽子举在空中不仅没有收到钱，反倒连帽子一块儿被抢走了。但“市场先生”绝非蹩脚的演员，他的这些表演并非无的放矢，其实这正是他战胜对手的手段。“市场先生”战胜对手的办法是感染。巴菲特先生过于冷静，“市场先生”的表演在他面前无效，反倒在表演过程中把弱点暴露给了他。但对别的股民来说，“市场先生”的这一手是非常厉害的，多数人都会不自觉地受到它的感染而变得比“市场先生”更情绪化。这样一来，主动权就攥到了“市场先生”手里，输家就不再是“市场先生”了。这就是“市场先生”的策略。

“市场先生”的策略是有一定冒险性的，因为他要想感染别人自己必须首先被感染，要想让别人疯狂起来自己首先必须疯狂起来，这是一切感染力的作用规律，所以“市场先生”的表现必然是情绪化的。那些受到感染而情绪化操作的人就被“市场先生”战胜了。反之，如果不被他感染，则“市场先生”为了感染你而付出的一切努力都是愚蠢的行为，正可以被你利用。打一个比喻：“市场先生”之于投资人正如心魔之于修行人，被它牵着鼻子走则败，任它千般变化不为所动则实现突破。

“市场先生”的弱点是很明显的，每个人都可以很容易地利用这一点来战胜他。但另一方面，“市场先生”正是市场中所有股民行为的平均值，他性格的不稳定是因为市场中很多股民的行为更加情绪化，更加不稳定。“市场先生”会不厌其烦地使出各种手段，直至找到足够多的牺牲者，事实上大多数人都将成为“市场先生”的牺牲者，能战胜“市场先生”的永远只有少数人。只有那些极为冷静，在“市场先生”的反复诱骗下不为所动的人才能利用他的弱点战胜他，那些不幸受到他感染而情绪更不稳定的人就会反过来被“市场先生”战胜了。所以，战胜“市场先生”

的方法是理智和冷静，“市场先生”战胜股民是利用了人们内心深处的愚痴和非理性。“市场先生”的策略是设法诱导出这种非理性，诱导的办法就是用自己的情绪感染别人的情绪，用自己的非理性行为诱导出别人的非理性行为，如不成功就反复诱导，直到有足够多的人着道。

以上讨论对指导操作是很有启发意义的。首先，“市场先生”要想让你发疯自己必须先发疯，由于“市场先生”想战胜你，所以“市场先生”必然会先发疯，否则他就无法战胜你。所以“市场先生”的发疯是可以预期的，耐心等待，必然可以等到。到时候只要能保持冷静，不跟着他发疯，就必然可以战胜他。

其次，和“市场先生”交易重要的不是看他所出的价格而是要注意他的情绪，看着他的情绪进行买卖。当“市场先生”的情绪不好时就买入，当他的情绪好时就卖出，而不用管“市场先生”的报价到底是多少。对我们来说，“市场先生”报价的意义也仅仅是让我们通过价钱从另一个角度来观察“市场先生”的情绪，当他报价过低时说明“市场先生”的情绪不好，当他报价过高时说明他处于乐观状态。如果能有一把客观的尺来度量“市场先生”的报价是否过低或过高，则这种方法可以使用，如果没有这种客观的尺，那么看“市场先生”的报价是没有意义的，不能从中推测出他的情绪。巴菲特的方法是掌握一套度量股票价值的方法，从而有了一个客观的尺度来度量“市场先生”的报价是否过高或过低。不管用基本面分析还是技术分析，正确的判断“市场先生”情绪的前提是自己必须保持冷静。

按这种思路，巴菲特赢的是“市场先生”，赢的原因是“市场先生”情绪不稳定，而巴菲特掌握了判断“市场先生”情绪的方法，赢得明明白白。

风险投资人对创业者的选择

风险投资是近年来非常走俏的一个行业，但任何一桩风险投资，都可以看作投资人与投资企业等复杂因素之间的一场多人博弈。

在这场博弈中，对于投资人来讲，掌握真实、充分的投资企业的信息是非常重要的，否则，盲目的风险投资行为只会让你惨败。就以风险投资最为青睐的互联网行业为例，不少人投资成功，大量淘金，而更多的人则被市场无情地踢走。如何才能做到趋利避害呢？

我们不妨看看百度公司创始人、董事长李彦宏曾经在创业初期时融资的一段故事。

1991 年，李彦宏毕业于北京大学信息管理专业，随后前往美国纽约州立大学布法罗分校攻读计算机科学硕士学位，先后担任道琼斯公司高级顾问、《华尔街日报》网络版实时金融信息系统设计者，以及国际知名互联网企业——网络搜索引擎公司资深工程师。

1999 年的 10 月末，本来不爱开车的李彦宏整天开车在旧金山沙山路（美国西部的风险投资集中地）走街串户，寻找合适的投资人。当李彦宏、徐勇把创办中文搜索引擎的想法抛出时，引来了好几家风险投资公司追着投钱。在当时的环境下，“中国、网络”无疑是一个强有力的卖点。但对送上门的美元，李彦宏接收的前提就是要求投资者对搜索引擎的前景持乐观态度，因为投资方不能持续支持而垮掉的项目并不少，其中有些项目的确有着不错的前景，关键就是没坚持到最后。千挑万选之后，李彦宏和徐勇最终与半岛基金和信诚合伙公司两家投资商达成了协议。据说协议顺利达成完全是因为李彦宏的一句话。

一位投资人问李彦宏：你多长时间能够把这个搜索引擎做出来？李彦宏想了想，说需要 6 个月。“多给你钱，你能不能做得更快些？”对一般人来说，只要能拿到投资，对于投资人的要求，往往想都不想就会答应，何况是追加投资。李彦宏却迅速地拒绝了对方的提议，表示自己必须要进行认真的思考。这对于风险投资商而言，无疑吃了一粒定心丸，使他们相信自己面前的这个中国年轻人是值得信赖的，因为他不会说大话。事实上，李彦宏承诺 6 个月的工作量，4 个月就完成了。

“李彦宏从来不说大话。”后来百度上市后，员工谈到老板李彦宏时，评价最多的也是他信守承诺。

同时，投资人在亲耳听到网络搜索引擎公司的威廉·张证实李彦宏的技术水平的确能够排进世界前三时，一切问题就迎刃而解了。

本来李彦宏想融资 100 万美元，而充满信心的风险投资者们却又追加了 20 万美元的投资，执意给了 120 万美元，占百度 25%的股份。

随着后来百度取得了赢利并上市的骄人战绩，这一笔风险投资可以说是这两家投资机构有史以来最成功的一次投资。

李彦宏的融资经历让我们看到投资者在选择合作伙伴时最先考虑的是诚信和技术。百度崛起于第一代互联网的末期，而与李彦宏一起成功的互联网精英们还有很多，这些财富精英们经历了第一次互联网的热潮，又开始用赚到的钱投资，准备向第二代互联网进军。在这样一个新兴的投资人群体中，许多都曾是上一轮互联网创业大潮中涌现出的成功创业人士，包括携程网的创始人沈南鹏、e 龙网的创始人唐越、金融界的原 CEO 宁君、新浪前 COO 林欣禾等。

作为创业者，内心涌荡的冲动和激情是无形之手，推动着我们立刻去实现理想并开创自己的事业。然而，眼下的你却可能一贫如洗，急需一笔可观的启动资金。在无限的创业欲望和有限的现实条件之间，有一道深深的鸿沟。它纠缠着我们的大脑，撕裂了我们还不够坚强的意志和完全没有经受过磨炼的判断力。然而，这却是每一个创业者都要经历的严酷考验。

美国双击公司创始人（一家网络广告服务商）所提到的创业融资次序具有很大的参考意义：首先，是自己的钱，花光自己的积蓄；第二，用自己老婆的钱；第三，让朋友给你钱；第四，动用父母的养老金，当然要在说服他们同意的前提下；第五，把自己的房子抵押出去；第六，向银行贷款。什么意思？如果你真的相信自己的商业模式，坚信自己能够成功，那么就先别急着找投资，凭自己的能力先做出个样子来。所以，最好的融资建议是“先花自己的钱，把东西做好”。

不管创业者如何，投资人如何，而金钱从来都是冷静的，狂热的只是人们失去理智的大脑。在创业者们和风险投资家之间，永远存在着既相互依存又彼此博弈的一种微妙关系。而我们强调，在创业与吸引投资的过程中，要尽量避免因盲目而导致的恶果。

第十四章

轻松地当老板：管理中的博弈

搞好企业管理，不只是老板一个人的事，它还需要老板与员工之间的互动。为建立良好的管理制度，老板要树立在员工心目中的权威。如果缺乏明确的管理制度，问题就会随之而来。员工懈怠、效率低下；琐事繁多，老板没时间，员工没事干。管理一旦进入这个瓶颈，企业走下坡路的危险也就开始产生了。这时需要建立一个目标，把员工的利益与公司的利益结合起来，最大限度地调动员工的积极性。

领导者的权威

领导者的权威是如何建立起来的呢，他又是如何让下属自发地为他工作的呢？关键在于建立一个全体员工共同奋斗的目标，让员工为达到这个目标而共同努力。权威是通过建立共同的目标而形成的。

很多人都认为：在计划经济时代，企业员工缺乏激励，偷工减料，效率低下，是因为吃大锅饭没有足够的动力；而在市场经济下，企业有赚取利润的驱动力，自然就都会努力降低成本，从而形成竞争机制，提高效率以赚得更高的利润。

实际上，即使在市场经济体制下，企业员工也并不是个个勤奋，人人努力。一般的企业管理者采用的不过是古已有之的“胡萝卜加大棒”的方法来统驭下属。

管理学家哈罗德·孔兹（Harold Koontz）对领导的界定是：“领导可定义为影响力。它是影响他人，并使他们愿意为达成群体目标而努力的一种艺术或方法。这种观念更可以扩大到不仅使他们愿意工作，同时也使他们愿意热诚而有自信地工作。”其中，最关键的理念是“影响他人，并使他们愿意为达成群体目标而努力”。管理者为了对组织的目的负责，达成企业“群体目标”，必然会用一种艺术或方法去影响被管理者，使之愿意工作，甚至是热情而自信地工作。

对于下属来说，管理者的信用、权威必须通过管理者长时间发给下属的各种信号与相互之间的良好交流才能生效。例如，一个民营企业的老总若要建立起良好的声誉，必须乐意给下属高出劳动力市场上平均值的福利待遇，让下属认识到企业对员工的关心与认可。权威本身也要具有伟大的人格、优良的品质和出众的才能。权威并不是脱离群众的，他也要采纳群众的意见。只有下属能尊重上司的权威，而上司也能采纳下属意见的公司，一切才可以顺利推动。

管理者与员工交流能够大大提高领导者建立信誉的能力。管理者若无法得到员工的尊敬，上下级之间就会相互猜疑，信息沟通极少。尊敬员工，以及敢于谈论自身缺点的管理者将赢得下属的尊重。一旦员工信任并尊敬一个管理者，企业的进步就成为可能。

管理者应该能够帮助员工建立对未来的预期。对未来的预期是影响员工行为的重要因素。预期分为预期收益和风险，也就是员工这样做将来获得的好处和这样做可能面临的问题。这些将影响员工个人的策略，如员工是否会将精力真正地投入到企业的成长中。

来看这样一个有趣的故事。

一只绰号叫“天下无敌”的猫把老鼠们打得溃不成军，最后老鼠几乎销声匿迹。残存下来的几只老鼠躲在洞里不敢出来，几乎快要饿死。在这帮悲惨的老鼠看来，“天下无敌”根本不是猫，而是一个恶魔。但是这位猫先生有个爱好：喜欢向异性献殷勤。

有一天，这只猫爬得又高又远去寻找相好的母猫。就在它和相好的母猫爱得如痴如醉时，那些残存的老鼠来到了一个角落里，就当前的迫切问题召开了一个紧急会议。

一只十分小心谨慎的老鼠担任会议主席，一开始它就建议必须尽快地在这只猫的脖子上系上一只铃铛。这样，当这只猫再进攻时，铃声就可以发出警报，大伙儿便可以逃到地下躲藏起来。会议主席只有这么个主意，大伙儿也就同意了它的建议，因为它们谁也提不出比这个更好的建议了。

但问题是怎样把铃铛系上去。没有哪只老鼠愿意冒死去拴这个铃铛。到了最后，大伙儿就散了，等于什么也没说。

看起来，给猫系上铃铛无疑是一个绝妙的主意，但对于一群已经被吓破胆的老鼠来说，这个主意只是个无法实施的美好梦想而已。

企业也是如此。对于一个管理者来说，应该本着务实的精神，制订切实可行的计划，让他的团队有一个可以实现的目标，而不是做出一个不可能实现的决定，同时管理者要对这个目标做出承诺。在承诺的同时，上下级之间要能够相互沟通，建立一个交流网络来寻求共同的价值观与信念。且管理者能够以身作则，以自己的个人行为作为员工学习的典范。许多公司现在也开始在一些社会议题上彼此合作，同时也透过一些公有与私有合伙关系的重组，以及制定各种环境保护措施，改善教育水准，发展提升医疗保健等计划，来回馈社会。在这里，就有许多机会，可以吸引各行各业以及各方面优秀人才的注意。

管理者通过自己与下属之间的“互动过程”，有效地协调了子系统之间的竞争与合作关系。这树立了领导权威，促进了系统的有序化。现代领导的本质正在于此。这种领导权威不是领导者个人素质的单独结果，而是领导者与下属相互作用的结果。

老板与员工之间的双赢

现在，企业与员工之间的关系越来越成为一种单纯的劳动力买卖关系，员工付出劳动，老板支付工资。正像某些公司的员工所喊出的那样，“公司不是我的家”，这个观念已渐入人心。付出就得有回报，这是理所当然，但从老板的角度来说，付出薪水的前提是员工必须为公司做出一定的贡献。老板与员工之间一直存在着既相互依赖又相互斗争的关系，这种形式的最直接表现就是薪水的高低。

其实，薪酬是员工与企业之间博弈的对象，这一博弈的过程与囚徒困境很相似。由于员工和企业很难有真正的相互认同，双方始终在考察对方，而后决定自己的行为。员工考虑：拿这样的薪酬，是否值得付出额外的努力？企业又不是自己的，老板会了解、认同自己的努力吗？公司会用回报来承认自己的努力付出吗？公司方面则考虑：员工是否有能力胜任现在的工作？给员工的薪酬待遇是否物有所值？员工是否会对公司始终保持忠诚？

有一个这样的管理故事：

一个企业经营者某次跟朋友闲聊时抱怨说：“我的秘书李丽来两个月了，什么活都不愿干，还整天跟我抱怨工资太低，吵着要走，烦死人了。我得给她点颜色瞧瞧。”朋友说：“那就如她所愿——炒了她！”企业经营者说：“好，那我明天就让她走。”“不！”朋友说，“那太便宜她了，应该明天就给她涨工资，翻倍，过一个月之后再炒了她。”企业经营者问：“既然要她走，为什么还要多给她一个月的薪水。”朋友解释说：“如果现在让她走，她只不过是失去了一份普通的工作，她马上可以在就业市场上再找一份同样薪水的工作。一个月之后让她走，她丢掉的可是一份她这辈子再也难找的高薪工作。这正是报复她的最佳手段，所以快给她加薪吧。”

一个月之后，该企业经营者开始欣赏李丽的工作表现，尽管她拿了双倍的工资。但她的工作态度和工作效果和一个月之前相比，已是天壤之别。这个经营者并没有像当初说的那样炒掉她，而是更加重用她。

从企业经营者的角度看，他其实运用了博弈的理论，通过增加薪酬使员工发挥出实力。如果当初他就把李丽炒掉，这势必给双方都带来一定的不利影响，而经过这样的博弈，双方就实现了共赢。

从公司的管理角度看，这个故事说明了一个现象：许多员工在工作中，经常不断地在衡量自己的得失，如果认为企业能够提供满足或超过他个人付出的报酬，他才会安心、努力地工作，充分发挥个人的主观能动性，把自己当作企业的主人。但是，老板很难判断、衡量一个人是否有能力完成工作，是否能够在得到高薪酬后，做出老板期待的工作成绩。老板经常会面临决策的风险。

由于员工和企业都无法完全地信任对方，因此就出现了“囚徒困境”一样的博弈过程。企业只有制定一个合理、完善、相对科学的管理机制，使员工能够获取应得的报酬，或让员工相信他能够获得应得的报酬，这样员工才能心甘情愿地努力工作，从而实现企业和员工的双赢。

在博弈的过程中，员工在衡量个人的收益与付出是否相成正比时，会有3个衡量标准：个人公平、内部公平和外部公平。

所谓的个人公平就是员工个人对自己能力发挥和对公司所做贡献的评价。是否满足于自己的收入标准，取决于自己对个人能力的评价。如果他认为自己是高级工程师的水平，承担着高级工程师的工作任务和责任，而公司给予的却是普通工程师的薪酬待遇，员工自然就会产生怨气，就会出现两种结果：消极怠工，或是选择离开。

企业要想保证个人公平，最重要的就是量才而用，并为有才能者创造脱颖而出的机会。一味地强调奉献不但无济于事，更是对员工的欺骗和不尊重。海尔的人才观是“赛马不相马”，说的并不是不需要量才而用，而是不以领导对个人的评价作为竞争评价标准，而是采用一套公正透明的人才选拔机制，用个人在工作中的实际绩效作为评价机制和评价标准。要保证个人公平，还应该事先说明规则，让双方明白相互的权利和义务。

员工相互之间的比较衡量就是所谓的内部公平。对于企业的分工来说，个人无法完成工作的各个工序，而是需要团队成员相互协调、配合完成。很难判断一个员工对企业做出的贡献，也很难在岗位相近的员工之间，进行横向比较。而过多人工干预、领导对员工的主观评价，反映在薪酬待遇上，常起不到激励员工的积极作用，而多是消极作用。公司只有具有统一的薪酬体系、科学的岗位评价和公正的考核体系，才能保障内部公平。

外部公平主要是员工个人的收入相对于劳动力市场的水平。科学管理之父泰勒对此有着深刻的认识，他认为，企业必须在能够招到适合岗位要求的员工的薪酬水平上增加一份激励薪酬，以保证这份工作是该员工所能找到的最好工作。这样，一旦员工失去这份工作，便很难在社会上找到相似收入的工作。因此，一旦员工失去工作，就承担了很大的机会成本。只有这样，员工才会倍加珍惜这份工作，努力完成工作要求。

很多公司在招聘人才时，都强调公司实行的是同行业有竞争力的薪酬标准。什么叫有竞争力的薪酬待遇？就是同业之间的薪酬比较。例如，一个软件架构设计师，在外企的薪酬是每月 3 万元人民币，而同一行业、同一类产品的国内公司，要想聘请到同档次的软件架构师，你的薪酬水平就不能低于外企的薪酬水平。

> 在员工与企业的博弈中，员工要满足于企业给予的薪酬水平，企业也要对优秀的员工给予薪酬上的回报。这样，双方的博弈就能达到阶段性的力量均衡，从而实现共赢。

薪酬设计的关键因素是内部公平与外部公平，个人公平虽然难以从外部表现来衡量，但对于员工积极性的影响也是实实在在的。企业需要通过与员工沟通，缩小双方的认识差距，让员工认识到自己劳动的价值及市场上的真正价值，从而珍惜自己的工作岗位，满意企业给予自己的待遇。只有双方实现互信，才能保证共赢。

建立良好的奖罚制度

兵书有云，“用赏贵信，用刑贵正”。从我国企业的实践来看，对员工的管理激励与约束机制还没有很好地建立起来。如在一些企业中，不仅缺乏行之有效的培育人才、利用人才、吸引人才的机制，还缺乏合理的劳动用工制度、工资制度、福利制度和对员工有效的管理激励与约束措施。当企业发展顺利时，首先考虑的是资金投入、技术引进；当企业发展不顺利时，首先考虑的则是裁员和职工下岗，而不是想着如何开发市场及激励职工去创新产品、改进质量与服务。

我们不妨先从一个例子入手，来看企业如何制定有效的激励制度，才可以更好地驱动员工工作。设想有一家游戏软件企业，它打算开发一种新的网络游戏——不妨叫作“大话水浒”。如果开发成功，根据市场部的预测将得到2000万元的销售收入。如果开发失败，将会血本无归。而企业新网络游戏的成功与否，关键在于技术研发部员工是否全力以赴、殚精竭虑来做这项开发工作。如果研发部员工完全投入工作，这款游戏的市场价值有80%的可能达到市场部所预测的程度；如果研发部员工只是敷衍了事，那么游戏成功的可能性只有60%。

研发部全体员工在这个项目上所获得的报酬如果仅有500万元，那么对于这些员工来说，研发这款游戏的激励显然不够，他们大都会敷衍了事。老板要想看到这些员工高质量的工作表现，就必须至少支付所有员工700万元的酬金。

如果老板仅付500万元酬金，那么市场销售期望值的2000万元的60%等于1200万元，再减去500万元的固定酬金，老板的期望利润有700万元。如果老板肯出700万元的总酬金，则市场销售期望值的2000万元的80%等于1600万元，再减去总酬金700万元，老板最终的期望利润为900万元。

然而困难在于，对于研发部的员工，老板很难从表面了解到这些员工在工作时到底有没有尽忠职守，兢兢业业地完成任务。即使给了全体员工700万元的高酬金，研发部员工也未必就会尽心尽力地开发这款游戏。由此看来，一个良好的奖罚激励机制对于企业极其重要。

公司采取的最好的方式就是：若是游戏市场反应良好，员工报酬提高；若是不佳，则员工报酬缩减。“禄重则义士轻死”，如果市场部目标达到，则付给全体研发人员900万元，若是失败，则让全体研发员工付给企业100万元的罚金。在这种情况下，员工酬金的期望值是：900×80%

$-100 \times 20\% = 700$ 万元，其中 900 万元是成功的酬金，成功的概率为 80%，100 万元则是不成功的罚金，不成功的概率为 20%。在理论上，采用这样的激励方法会大大提高员工工作的努力程度。

从某种意义上来说，这种激励方法相当于赠送一半的股份给研发部员工，同时员工也承担游戏软件销售失败的风险。然而这种方法在实际中并不可行，因为不可能有任何一家企业能够通过罚罚金的方式来让员工承担市场失败的风险。可行的方法应是，尽量让企业奖惩制度接近于这种理想状态。更加有效的方法是，在本质上类同于员工持股计划。我们可以将股份中的一半赠送或者低价销售给研发部的全体员工，结果和罚金制度类似。

通过这个例子，我们可以看到，员工工作努力与否与良好的激励机制密不可分。然而现实中的很多公司却不明白这个道理。比如很多公司的奖惩制度上写着："所有员工应按时上班，迟到一次扣 10 元，若迟到 30 分钟以上，则按旷工处理，扣 50 元。"国外的很多企业一直运行的是弹性工作制，即不强求准时，但是每天都必须有效地完成当天的工作。即使有人因为迟到、早退被扣除工资，但是他们在实际工作中很有可能并不因此而努力工作，他们因扣除工资而产生的逆反心理导致的隐性罢工成本反而有可能高于所扣除的工资。从表面上看，老板似乎规范了员工的行为，但实际上可能会损失更多。可见，这并不是一个有效的奖罚激励制度。

再比如有的公司规章条例写着："公司所有员工应具有主人翁意识，应大胆向公司领导提出合理化的建议，可以直接提出也可以以书面形式提出，若被采纳奖励 50 元。"不同的合理化建议给公司所创造的效益是不同的，假设一个人所提建议可以提高效益 5 万元，另一个人所提建议则只能提高效益 500 元，都用 50 元的奖金来进行物质激励，其条例本身就不合理。

总而言之，一个良好的奖惩制度首先要选择好对象，其次要能够给予员工正常表现基础之上的回报，简单地说，就是实际的业绩越好，奖励越高。只有奖罚分明的制度才能够激励员工。

人尽其才的管理之道

合理定岗、因事设岗。企业对员工的需求有很强的针对性，如果因人设事或不加选择地降低“门槛”，就可能造成机构臃肿、人浮于事。因此，为了减少人力资源的浪费，引进员工时一定要先定编、再定岗、最后定人。

坚持标准、综合考察。企业对聘用对象应从思想文化、政治素质、专业技能、身体状况等多个因素综合考察，按照公开、公平、公正、择优的原则，争取把最优秀的人才放到最合适的岗位上。

据战国野史记载：当时北方有两种马特别出名，一种是蒙古马，力大无穷，能负重千余斤；另一种是大宛马，驰骤如飞，日行千里。

邯郸有一商人家里同时豢养了一匹蒙古马和一匹大宛马，他用蒙古马来运输货物，用大宛马来传递信息。两匹马圈在一个马厩里，在一个槽里吃料，却经常因为争夺草料而相互踢咬，每每两败俱伤，主人不胜其烦。当时恰巧伯乐来到邯郸，商人于是请他来帮助解决这个难题。

伯乐来到马厩看了看，微微一笑，说了两个字：分槽。主人依计而行，从此轻松驾驭二马，生意越来越红火。

能者要想才尽其用，不但要分而并之，还必须善用之。因为不同的贤才，各有其能，有的适合这种工作，有的适合那种工作，把他们放在适合自己的环境里其才能方可得到最大限度的发挥。正如清代申居郧所说："人才各有所宜，用得其宜，则才著；用非其宜，则才晦。"这里讲的"所宜"，就是个人所特有的长处。也就是说，作为领导者，要能够了解每个属下的长处，并善于利用这些长处。发挥人的长处，不但可以使其才能显得更加突出，而且相对来说，他的短处就受到了抑制。因此，春秋时期的管仲指出："明主之官物也，任其所长，不任其所短。故事无不成，而功无不立。"也就是说，明智清醒的用人者懂得用人之长，善于从人的长处着眼，这样一来，成功的概率就会大大增加。

楚国将领子发喜欢交友，尤其是有一技之长的人，都会被他招至麾下。有个其貌不扬、号称"神偷"的人也去投靠。小偷对子发说："听说您愿意使用有技艺的人，我是个窃贼，如果您能收留我，我愿意为您效命。"子发听其言、观其色，觉得此人满腹真诚，而且身手敏捷，或将大用。于是连忙起身相搀，以礼相待，将他留下来。

子发手下的官员都劝诫说："小偷是天下公认的盗贼，为人们所不齿，为何对他如此尊重？"子发摆摆手说："你们难以理解，以后就会明白的，我自有道理。"

有一次，齐国进犯楚国，楚王派子发率军迎敌。结果楚军屡次败退。无计可施之际，神偷主动请缨，说："我有个办法，让我去试试吧。"子发见没有什么好办法，也就点头同意了。于是，在夜幕的掩护下，小偷溜进齐军军营内，神不知鬼不觉地将齐军主帅的帷帐偷了回来。子发依计派使者将帷帐送还齐营，并对齐军说："我们有一个士兵出去砍柴，得到了将军的帷帐，现前来送还。"齐兵面面相觑，目瞪口呆。

第二天，小偷又潜进齐营，取回来齐军首领的枪头。子发又派人送还。

第三天，小偷第三次进了齐营，取回来齐军首领的发簪。子发第三次派人将簪子送还。这一回，齐军首领惊恐万分，不知所措，军营里人心惶惶。齐军首领紧急召集军中将士，说："今天再不退兵，楚军只怕要取到我的人头了！"将士们无言以对，首领立即下令撤兵，落荒而逃。楚营内众将士无不佩服子发的用人之道。

其实，窃贼的本领就是偷窃，偷窃本来是为人所不齿的，但是，被用人者善加利用后，却变成了一个独一无二的长处，最后竟然依靠"偷窃"改变了战争的结局。

可见，人不可能每一个方面都出色，但也不可能一无是处。管理者要理性分析每个下属的优缺点，把有才能的人放到最合适的岗位上去。这就需要管理者对单位的"千里马"有深刻的洞察力。

第十五章

谁是你的另一半：情感中的博弈

爱情是什么，爱情不只是小两口之间的卿卿我我，它往往也充满着博弈与斗争，在爱情这场“游戏”中，谁能熟练地驾驭游戏规则，谁就是爱情的大赢家。所以，要成为赢家，不仅要学会与恋人合作，还要学会与他“周旋”。面对爱人的“堵截”，要学会闪转腾挪的诸多“反围剿”方法。

爱情中的囚徒

在爱情中，男性总想找到自己的白雪公主，男人心中的白雪公主一定是漂亮、温柔、有女人味的。女性也总想找到属于自己的白马王子。女性心中的白马王子一定是帅气、多金，并且温柔体贴。且真正的白马王子和白雪公主在人群中是极少数的。在现实中，我们都在感慨，为什么白马王子少之又少，而白雪公主也难觅。这其实也可以从博弈论中找到答案。

在爱情中常有这样一种情况：一方急于离开，另一方却死活不放。比如说，一个很优秀的女孩和一个很平常的男孩相爱了，或者，一个十分优秀的男孩和一个很平常的女孩恋爱了。这时，往往是优秀的一方可供选择的机会将远远大于平庸的一方。当优秀的一方在面临着更好甚至无法拒绝的选择时，双方很自然地将面临分手。于是被新的爱情冲昏头脑的一方就会急于离开，即使新追求他(她)的人也许不一定是最适合自己的人。而平庸的这一方由于急于留住优秀的一方，就会很不理智地想尽一切办法纠缠。这反而加快了对方离开他(她)的速度。

此时我们看看可供双方选择的方式。优秀方：1. 答应新追求者，离开原来的恋人；2. 不答应新追求者，大大方方地离开原来的恋人；3. 忍痛拒绝新的，留下来陪原来的恋人。平庸方：1. 不断地想办法留住恋人，结果没留下，怪罪恋人不忠；2. 大大方方地和恋人分开；3. 找到留下恋人的办法。

可以看到，如果双方都选择了 2，那么对双方来说可以说是最好的结果，虽然平庸的一方可能会更痛苦一些。但随着时间的流逝，双方偶尔还可以联系一下，甚至还可以成为普通的朋友。而优秀的一方，也减小了跳到“火坑”的概率。

假如选择了别的方式，其结果往往比双方选择 2 的情况要坏，比如平庸方选择 1 或 3，虽然不会出事情，但很可能要为此沉沦很久；而优秀方，选择 1 或 3 的结果也是深深伤害曾经的恋人，而且这个新的追求者也不一定是适合自己的人。

现实中的恋人们，大都不愿意选择“回头是岸”，甚至被对方抛弃了还不死心，抓住不放，甚至不择手段，结果往往是让自己越陷越深，难以自拔。

为什么会这样呢？其实，恋人之间的博弈和困境中的囚徒博弈很类似。囚徒被警方抓住后，是隔离审查的，因此无法订立盟约，即便能够订立盟约，又有谁能保证自己或对方不会因为利益而毁约呢？恋爱中的人也正好处于这种境地。

例如，异地的恋人，他们彼此就像被隔离审查的囚徒一样，只不过没有被关在两间牢房，而是山高水远，天各一方。按照博弈原则，他们除了违背誓约外，没有更好的选择。也因此，他们想在恋爱中成为赢家，成为胜利者，最好的选择就是不遵守爱的诺言，这样才能最终走出囚徒困境。但是，这一结论实际上是有问题的。因为现实生活中异地恋爱成功的人并不少见，厮守一生的也比比皆是，不能说他们都是勉强的。事实上，他们的确生活得很幸福、很美满。

想要获得幸福爱情，应该做到以下几点：

首先，善意地对待恋人。

其次，宽容地对待恋人。幸福的恋人能够生活得愉快，关键就在于他们能够彼此宽容，可以包容对方的缺点和过错。

最后，要与恋人坦诚相待。在博弈的过程中，过分复杂的策略容易使对方难以理解，产生无所适从的感觉，因而难以建立稳定的合作关系。所以，明晰简练的作风和坦诚的态度反倒是制胜的要诀。要让恋人明白你说的是什么，切忌让对方左猜右猜，结果反倒造成了误会。在现实生活中因此而分手的情侣并不少见。

所以，对待爱情还是明了、坦诚点好，不管做什么，都要让恋人一看就明白你的意思。

选择伴侣的“麦穗理论”

婚姻是人生中的大事，对如何选择结婚伴侣，西方有著名的“麦穗理论”。它说的是我们寻找伴侣时如同进入了一片麦田，一路都有金黄的麦穗在向我们招手，很多人不知道该摘取哪一株，因而就会踌躇与彷徨，遗憾与悲伤。而正常人到最后，都会选择一株来陪伴自己共度一生。当然并不排除有少数人会在短短的一生里一换再换。

“麦穗理论”来源于这样一个故事：

古希腊哲学导师苏格拉底的三个弟子曾求教老师，怎样才能找到理想的伴侣。苏格拉底没有直接回答，却让他们走进麦田，只许前进，且仅给一次机会选摘一株最大的麦穗。

第一个弟子走几步看见一株又大又漂亮的麦穗，高兴地摘下了。但是当他继续前进时，发现前面有许多麦穗比他摘的那株大，只得遗憾地走完了全程。

第二个弟子吸取了教训，每当他要摘时，总是提醒自己，后面还有更好的。当他快到终点时才发现，机会全错过了。

第三个弟子吸取了前两位弟子的教训，当他走到全程的三分之一时，即分出大、中、小三类，再走三分之一时验证是否正确，等到最后三分之一时，他选择了属于大类中的一株美丽的麦穗。虽说，这不一定是最大最美的那一株，但他满意地走完了全程。

看来对于一个人来说，在众多的追求者中选择最合适的异性，是关乎终身幸福的大事。我们不妨假设有 20 个合适的单身男子都有意追求某个女孩，这个女孩的任务就是，从他们当中挑选最好的一位作为结婚对象，决定跟谁结婚。从这 20 个男子里面选出最好的一个并非易事，该怎么做才能争取到这个结果呢?

首先，要考虑的是约会时如何判断出对方真实的性格和人品。

约会时，男女双方一开始都会展示自己的优点，而掩盖自己的不足。当然，他们都想了解对方的一切，不管是优点或是缺点。然而，每个人都是理性的，任何一方在约会时都会刻意掩藏自己的缺点。

正如古圣人所说，“观其所以，视其所由，察其所安”。对于每一个人来说，在择偶的时候，都要仔细思考所面临的情形，并力图发现哪些是真实的，哪些只是为了获得良好印象而伪装出来的。

对于一个女孩来说，男朋友赠送的鲜花是相对廉价的，而贵重的钻石、金表、项链等礼物也许更能代表一个人的真心。这并不是值多少钱的问题，正如有句话说得好，“一个男人爱一个女人有多深，就会为她掏出多少钞票”。这是一个人乐意为你奉献多少的可靠证明。然而，礼物值多少钱对于不同的人是有差异的。对一个身价亿万的有钱人来说，送上一颗名贵钻石可能比带你环游世界的花费要低得多。反之，一个穷小子，花了大量时间辛勤工作，买一颗钻石送你，价值就要高得多。

你也应当意识到，你的约会对象同样会对你的行为挑拣一番。因此你得采取能真正展示自己高素质的行为，而不是谁都学得来的那些行为。探寻、隐藏和发现对方内心深处的想法，不仅在初次约会时很重要，在整个关系发展的过程中都很重要。

其次，要考虑的是选择什么样的方法来筛选出比较适合的异性。

很明显，最好的方法是和这 20 个人都接触一遍，了解每个人的情况，经过对比筛选，找出那个最适合（当然并不一定是最优秀的）的人。然而在现实生活中，一个人的精力是有限的，不可能花大把大把的时间去和每个人交往一遍。不妨假定更加严格的条件：每个人只能约会一次，而且只能一次性选择放弃或接受，一旦选中结婚对象，就没有机会再约会别人。

那么最好的选择方法存不存在呢？事实上是存在的。好的方法可以增加达到目标的机会，当然不能否认还有运气的成分。

我们就用模型来模拟实战。显然，你不应该选择第一个遇到的人，因为他是最适合者的概率只有 1/20。这个概率可以说非常小，直接把筹码放在第一个人身上，也是最糟的下注行为。同样，后面的人的情况都相同，每个人都只有 1/20 的概率可能是 20 个人当中的最适合者。可以将所有的追求者分成组（比如分成 5 组，每组 4 人）。首先从第一组中开始选择，与第一组中的每一个男性都约会，但并不选择第一组中的男性，即使他再优秀、再完美都要选择放弃。因为，最合适的对象在第一组中出现的概率不过 1/5。如果以后遇到比这组人更好的对象，就选择嫁给这个人。在现实生活中，人们往往就是这么进行选择的，总结从前恋爱的经验与心得体会，作为评估后来者的基础。

当然这种方法就像“麦穗理论”一样，它并不能保证选到的是最饱满、最美丽的麦穗，却能选择出比较美丽的麦穗。

无论爱情、事业、婚姻、朋友，选择的最优结果只可能在理论上存在。不应把追求最佳人选作为最终目标，而是设法避免挑到最差的人选。这种规避风险的观念，在我们做人生选择时非常有用。

恋爱中的策略

在人的一生中，恋爱可以有很多次，但结婚的对象通常只有一个。如何在人群中选择适合自己的结婚对象，可能每个人都有自己的一套理论和策略，但目标坚定地去关注和追求你心目中的“那一个”，是你获得婚姻幸福的关键。

一、猎豹狩猎的启示

如果你经常看《动物世界》这样的电视节目就会注意猎豹在狩猎羚羊时遇到的情况。

猎豹狩猎羚羊时，羚羊的尾巴的腹面是白色的，当有食肉动物捕猎的时候，羚羊习惯于翘起尾巴把鲜明的白色亮出来一晃一晃地跑，一群羚羊随之一块开始奔跑。这时狩猎羚羊的食肉动物很容易被眼前这一大片白花花的尾巴搞乱。如果另一侧突然有一只羚羊跑过，它的距离比猎豹一开始盯住的羚羊更近，但它跑的方向可能和猎豹正在奔跑的方向不一致。这时候，如果猎豹放弃了原来的目标而去盯住这个看似更近一些的目标，由于迟疑和重新调整方向的时间，实际效果必然不如追逐原来的那一只，这样多换几次猎豹可能就什么也捉不着了。所以有经验的食肉动物都明白，在捕猎的时候一定要预先看准一个目标然后穷追不舍，不受中间的其他目标所干扰，这样才更容易取得成功。也就是说，要想捕猎成功，先要盯准猎物，这和我们经常说的目标明确是同一道理。猎豹面对一大群羚羊，它的办法就是挑出最弱的一只作为猎物猛追，也就是说在猎豹和羚羊这场竞局中猎豹只选取一只羚羊作为目标进行博弈，多方竞局被简化成了猎豹和一只羚羊间的追逐和逃跑关系。

让我们再看看“布里丹的驴子”的故事，故事揭示的是面对不相上下的两个选择时绝对理性的个体可能会陷入困境。在一头驴子的前面有两堆草，对于这头驴子来说，这一左一右两堆草一模一样。这头驴子尽管饿得要命，却无法挪动它的腿，因为一模一样的两堆草使它无所适从，它没有理由选择其中的一堆而放弃另外一堆。这头驴子最后在这两堆草面前活活饿死了。

布里丹是一位哲学家，他否认人具有自由意志，但是每个人都希望有选择，而且希望做出正确选择，即使不是最好的，至少也是比较好的。那么有没有一些方法可以帮助我们呢？

其实，无非是两种可能，一是其中一个好于另外一个，二是两个策略“无差异”，即一模一样。若是前者，作为理性人无疑应当选择给我们带来更大利益的那个策略，而对于后者，选择哪个策略都一样。当然，在实际中由于我们不可能掌握充分的信息，对两个策略产生的后果也不能确定，我们认为两个都一样，实际情况则并非如此。但是，无论选择其中哪个策略，都要好于不做选择，我们为何要犹豫呢？如果驴子所面对的这两堆草中的一堆离它距离近，或者分量多，它自然应当选择这一堆，但当这两堆草都一样的时候，它无论选择其中哪一堆，都比不做任何选择要强。重要的不是做出什么样的选择，而是要做出选择，当然这是有条件的。

爱情不是游戏，没有悔过重来的机会。因此在你选择爱人时，一定要心无旁骛，不要被纷乱的世界所迷惑而错失最适合你的那个“爱情博弈”的对手。

二、积极、主动

在恋爱时，要目标明确，还要积极、主动。社会上为什么会出现“美女与野兽”的配对？除了信息不畅导致逆向选择外，很大程度上也是因为双方不主动，或者消极、自卑造成的。爱情里的规则是主动的一方占据优势。不管女方貌若天仙，还是男方英俊潇洒，在爱情博弈中的你，不要因此而自惭形秽。只要你把握主动权，采取主动策略，率先表达出自己的爱意，那么就有可能获得对方的青睐。

有一个男孩非常喜欢一个女孩，但是他把感情藏在心里，不敢说出口，后来另一个与他条件相当的男孩子先说了，结果女孩就和那个先表达爱意的男孩谈恋爱了，那个暗恋的男孩后悔不已。因为他没有遵循爱情里的规则，即采取主动策略。

在电影《诺丁山》中，大牌影星安娜·斯科特走进伦敦诺丁山一家小书店，一杯橙汁使离婚后爱情生活一直空白的威廉·塞克意外地得到了安娜的吻，两人相爱了。然而威廉·塞克是一个羞涩的男人，或者说是一个不懂得主动的男人。女主角只能主动。第一次去他家里，出门后又回来；在车站再次邂逅，她邀请他去自己家里；后来为躲避记者跟踪，她到他家里过夜，也是她主动走到他的床边；再后来因为前男友的介入，她和他有了误会；到最后，也是她主动上门要求重修旧好……

那个憨厚纯良的男人，或许觉得这种幸福是不真实的，缺乏爱的勇气，就那么一次次错失良机。

所以，那些看得热泪盈眶的观众，一定是理解了女主角心里的温柔和焦急的：主动，我得主动，否则我的爱情就要不翼而飞了。或许我们在生活里也有这样的经历，自己心爱的那个人，仿佛永远不知道自己在渴望什么，就那么傻愣愣地在一旁观望自己的爱情，像局外人一样不敢介入。

经济学里的“先动优势”，是指在一个博弈行为中，先行动者往往比后行动者占有优势，从而获得更多的收益。也就是说，第一个到达海边的人可以得到牡蛎，而第二个人得到的只是贝壳。或许你可以把它理解为先下手为强。例如，第一个对你说“我爱你”的人，总是比之后的其他追求你的人让你印象深刻，哪怕你那时候只是和他（她）在大学校园里拉拉手、散散步，到很老的时候，你也不会忘记他（她）。

但是在爱情中，“先动优势”往往会形成惯性，你主动了第一次，以后就得永远主动下去，你爱的那个人，仿佛已经习惯了什么事情都由你发起，或许个性使然，但大多数时候是习惯。

共鸣和分享式的爱情才会有持久的生命力。在一场恋爱当中，你发现对方只是一个“局外人”，而这个爱情故事基本上是你一个人在拼命流泪流汗唱独角戏，这该是多么遗憾的事情。所以，在爱情里，要耍一点小伎俩，主动了，有了优势的时候，不如把脚步放慢，让对方跟上来，两个人步调一致了，爱情才能经营得更好。

《诺丁山》的结局是这样的，威廉·塞克鼓起勇气，直闯了记者会，关键时刻向心上人表达了自己的心声，赢得了女主角的爱，这就是他的进步。在爱情博弈中，先表白，采取主动是追求恋人最好的策略。

谁是你的另一半

在爱情的选择上，我们都希望找到最好的那一个，如果你把这作为唯一目标，可能会得不偿失。在我们面对选择时，决策的核心并不在于结果的最优化，而是决策过程的最优化，只要你的策略合理，结果当然也不会差。一个最重要的理由是：你很难找到一种方法来保证实现这一理想。人不是机器，不能用“型号”“运算速度”“行业标准”之类的东西来衡量，人比任何机器都复杂得多。你也许会想到考试这种方式，但即使你的考题出得再好，也只能反映某些素质，更不必说还有不少未能确定的因素。

“按图索骥”是人们常犯的毛病，许多少男少女正是以心目中的偶像作为择偶标准。这种标准至少存在两个问题：其一是认为人也像某种高档商品一样，是可以成批量生产的；其二就更糟糕——如果真的享受不到，就弄个“假货”自欺欺人。当然，我们都希望得到高质量的伴侣，如果你脱离实际，恐怕只能孤独终身。时间不会倒流，机会不等人。如果你的标准过于苛刻，就会丧失许多原本可以抓住的机会。

有这样一个故事：女儿年龄渐大，还是不肯结婚，父亲很是着急。女儿不以为然，说：“没关系，海里的鱼还多着呢。”父亲回答：“可是鱼饵放得太久，就没有味道了。”从古至今有许多有关爱情的神话，人们炮制这些神话的初衷是好的，如果你信以为真，结果可能就不好了。最典型的一个神话就是所谓“另一半”：这世界上的男男女女，每个人都有属于自己的另一半，而我们恋爱的目的就是要找到那个“另一半”。这个说法挺感动人的，但于事无补。它的意思是：有(而且只有)一个最佳答案。姑且先承认这一点，可是世界上和你年龄相仿的女人或男人有好几亿，而你所能接触到的不过几百人。指望从这个小的范围找到那个“正确答案”，其概率与买一张彩票即中大奖差不多。如果某人把改善命运的希望完全寄托在中彩票上，我们会认为此人神经出了问题，在爱情中，道理也是一样。现在，假设你是一个决定要结婚的女性，但还没有找到最好的对象，而此时，在你的社交圈里有一百个合适的单身男子，现在你要从他们当中挑选最好的一位作为你的结婚对象，怎么做才能得到最好的结果呢?

首先表明自己的立场，以及对对象的要求与标准，比如长相、收入等标准。根据逆向选择理论，逆向选择产生于信息的不对称，而且，你向对方传达你的信息的同时，也在逐渐掌握对方的信息。

掌握信息后，就可确定一个优秀男人的标准，再按照这个标准找到理想的恋人。这可根据“麦穗理论”操作，先把这一百个男人分成五组，先在第一组中确定优秀男人的标准，一旦标准形成，就可按照这个标准在其他四组中找到你理想的恋人。当然，标准不可定得过死，要有一定的弹性，否则，按照一个死标准去找一个合适的恋人，可能永远也找不到。上述行为必须在隐匿中进行，因为一个男人一旦认为你不是诚心与他交往，只是把他当作你的挑选对象，很可能会弃你而去。

找到你心目中的男人后，你要向他表明与他交往的决心，并以实际行动表现出来。双方一旦确定恋爱关系，就进入了一个爱情中的“囚徒困境”。为了维持双方的关系，你必须做些什么。爱情中的“囚徒困境”与博弈论中的“囚徒困境”最大的不同就是，在博弈论中的囚徒不能互通信息，故信息具有隐匿性。而爱情中的囚徒所处的条件刚好相反，恋人被爱神抓住以后，一般并不是隔离“审查”的，而是整天腻在一起。腻在一起做什么？除了发誓，就是以实际行动表明你实现誓言的决心。

发什么誓呢？无非是“非你不娶、非你不嫁”这一类誓言，目的只有一个，就是让对方相信自己能够天荒地老而此情不渝。但光会发誓是不够的，你还要建立“惩罚机制”，当发现爱人背叛你时，要表明你决不能容忍的态度。通过上述方法，你一定能找到较理想的恋人。

参考文献

［1］约翰·冯·诺依曼．博弈论［M］．沈阳：沈阳出版社，2020.

［2］莱恩·费雪．博弈论与生活：用博弈论提高日常合作的成功率［M］．北京：中信出版社，2021.

［3］约翰·S. 戈登．伟大的博弈：华尔街金融帝国的崛起［M］．北京：中信出版社，2019.

［4］万维钢．博弈论究竟是什么［M］．北京：新星出版社，2020.

［5］王力哲．博弈论让你受益一生的思维方式与生存策略［M］．北京：民主与建设出版社，2018.

［6］詹姆斯·米勒．活学活用博弈论：如何利用博弈论在竞争中获胜［M］．北京：中国财政经济出版社，2006.

［7］王春永，李晓华．石头剪子布：图解博弈论 ABC［M］．北京：中国发展出版社，2009.

［8］潘天群．博弈生存：社会现象的博弈论解读［M］．北京：中央编译出版社，2002.

［9］阿维纳什·迪克西特．策略博弈［M］．二版．北京：中国人民大学出版社，2005.

［10］王春永．博弈论的诡计（Ⅱ）：日常生活中的博弈策略［M］．北京：中国发展出版社，2009.

［11］尚玉昌．行为生态学［M］．北京：北京大学出版社，1998.

［12］迈尔森·博弈论：矛盾冲突分析［M］．北京：中国经济出版社，2001.